JN222289

モバイルアプリ アクセシビリティ入門

iOS＋Androidのデザインと実装

阿部諒
伊原力也
本田雅人
めろん
［著］

技術評論社

はじめに

国内のスマートフォン保有世帯は9割以上[注1]、モバイル機器でのインターネット利用は平日2時間以上[注2]。その中心にあるモバイルアプリは生活や社会の基盤といえる存在であり、だれもが利用できるものであるべきです。そのためには、アクセシビリティを不可欠な品質ととらえ、モバイルアプリが利用可能である状況を最大化していく必要があります。

しかし現在に至るまで、モバイルアプリのアクセシビリティについては日本語のまとまった資料がなく、取り組みが広がりにくい状況が続いていました。iOSやAndroidの公式資料は存在するものの、OSごとの別資料であり、デザインと実装でもドキュメントが分かれ、英語の部分も多く、国際標準のアクセシビリティガイドライン(WCAG)との関係性も不透明でした。

本書の目的は、これらの情報を1冊の日本語の書籍としてパッケージにすることで、モバイルアプリのアクセシビリティ向上についての入口を示すことです。

本書では、以下のどちらかに該当する、モバイルデバイス向けのネイティブアプリケーションについて解説します。

- **SwiftやObjective-Cなどの言語で開発された、iPhoneにインストールして使用するアプリケーション**
- **KotlinやJavaなどの言語で開発された、Androidスマートフォンにインストールして使用するアプリケーション**

本書の対象読者は、モバイルアプリの企画・デザイン・実装・品質チェックに携わる方です。第4章以降については、上記の開発言語の基本的な

注1　令和5年 通信利用動向調査
https://www.soumu.go.jp/johotsusintokei/statistics/statistics05.html

注2　令和5年度 情報通信メディアの利用時間と情報行動に関する調査
https://www.soumu.go.jp/iicp/research/results/media_usage-time.html

文法を理解していることを前提とします。

本書ではfreee、サイバーエージェントの事例を紹介しますが、freeeは筆者である阿部、伊原、めろんの、サイバーエージェントは同じく本田の執筆時点での所属先です。

第1章「モバイルアプリのアクセシビリティとは」では、アクセシビリティの概要を理解するうえで必要なユーザーのさまざまな利用状況、アクセシビリティに取り組む理由、ガイドラインについて解説します。

第2章「モバイルアプリのデザインとアクセシビリティ」では、アクセシビリティに対してのとらえ方を改め、UIデザイン全体に効能をもたらす有効な指針に転じるための考え方と具体例について解説します。

第3章から第5章では、iOSのアクセシビリティ機能の紹介、その機能をiOSアプリで生かすための実装方法、より使いやすくなる設計の考え方、アクセシビリティの自動・手動テストについて解説します。

第6章と第7章では、Androidのアクセシビリティ機能の紹介、その機能をAndroidアプリで生かすための実装方法、より使いやすくなる設計の考え方、アクセシビリティの自動・手動テストについて解説します。

付録では、WCAG 2.2の達成基準と本書の内容の対応関係を示すとともに、モバイルアプリにWCAGを適用する際のギャップと乗り越え方についても解説します。

今こそ、OSの機能を活かし、アプリの可能性を解き放つときです。本書をもとに、各所でモバイルアプリのアクセシビリティ向上への取り組みが芽吹き、いつでも、どこでも、だれでも「使える」モバイルアプリがひとつでも多く出現していくことを願っています。

2024年10月　筆者一同

目次　モバイルアプリアクセシビリティ入門——iOS＋Androidのデザインと実装

第1章

モバイルアプリのアクセシビリティとは

本章ではモバイルアプリのアクセシビリティの基礎を解説します。アクセシビリティとは「利用可能な状況の幅広さ」のこと。iOSやAndroidというプラットフォームは、アプリケーションをさまざまな状況で利用可能にするための豊富なアクセシビリティ機能を備えています。しかし、このポテンシャルを活かせるかどうかは、アプリケーションの作り方しだいです。何も知らないままだと、状況によってはまったく利用できないものを作ってしまいます。さまざまな利用状況を理解し、ガイドラインを知ることから始めましょう。

1.1 アクセシビリティとは

アクセシビリティとは「利用可能な状況の幅広さ」を指します。アクセシビリティの向上とは、特定の人々に向けての恩恵にとどまらず、どのような状況でもサービスの価値が届き、さらにそれが最大化される可能性を作るという、非常にエキサイティングな取り組みです[注1]。

まずはこの言葉が指す意味を紐解(ひもと)いてみましょう。

言葉としての定義

アクセシビリティ（*accessibility*）は、英語のaccessibleから来ています。accessibleには「近付きやすい、行きやすい、到達できる、利用できる」といった意味があります。場所やモノや情報に対して近付きやすいか、利用できるかを指している単語です。そのaccessibleに-ityという状態・性質・程度を示す接尾辞が付いたものがaccessibilityであり、場所やモノや情報が持つ「アクセスを成立させる能力」ととらえることができます。なお、accessibilityのaとyの間にアルファベットが11文字あるため、略してa11yと表記されることもあります。

ユーザビリティとの対比

アクセシビリティと似た言葉としてユーザビリティがあります。ユーザビリティは一般的に「使いやすさ」と訳されることから、アクセシビリティに近い概念だといえます。しかし、違いもあります。

日本産業規格の『JIS Z 8521:2020 人間工学——人とシステムとのインタラクション——ユーザビリティの定義及び概念』を見てみます。まず、ユーザビリティとアクセシビリティのどちらにも関わる概念として「利用状況」

注1　本章は『Webアプリケーションアクセシビリティ』の第1章をモバイルアプリ向けに加筆・再構成したものです。伊原力也、小林大輔、桝田草一、山本伶著『Webアプリケーションアクセシビリティ——今日から始める現場からの改善』技術評論社、2023年

があります。同規格では以下のように記載されています。

> 利用状況は、システム、製品又はサービスが使われる際の、ユーザ、目標、タスク、資源、並びに技術的、身体的、社会的、文化的及び組織的環境の組合せで構成したものである。

ユーザーがシステムやプロダクトやサービスを利用しようとしたとき、そこには前述のようなさまざまな要素の組み合わせによる「利用状況」が存在しています。そしてユーザビリティは以下のように定義されています。

> 特定のユーザが特定の利用状況において、システム、製品又はサービスを利用する際に、効果、効率及び満足を伴って特定の目標を達成する度合い

このように、ユーザビリティは「特定のユーザーが目標を達成する度合い」を意味しています。それに対し、同規格においてアクセシビリティは以下のように定義されています。

> 製品、システム、サービス、環境及び施設が、特定の利用状況において特定の目標を達成するために、ユーザの多様なニーズ、特性及び能力で使える度合い

このように、アクセシビリティは「プロダクトやサービスが多様なニーズのもとで使える度合い」を指す言葉です。多くの状況で使えるものはアクセシビリティが高く、この状態を「アクセシブルである」と表現します。逆に特定の状況でしか使えないものはアクセシビリティが低く、「アクセシブルでない」と表現します。

これらの関係性を図示すると**図1-1-1**のようになります(これは書籍『見えにくい、読みにくい「困った！」を解決するデザイン』[注2]で使用されている図です)。

ユーザビリティは特定のユーザー視点での使いやすさであり、ユーザー

注2 間嶋沙知著『見えにくい、読みにくい「困った！」を解決するデザイン』マイナビ出版、2022年。改訂版は2024年

図1-1-1 ユーザビリティとアクセシビリティの関係性

『見えにくい、読みにくい「困った！」を解決するデザイン』P.23より転載（一部改変）

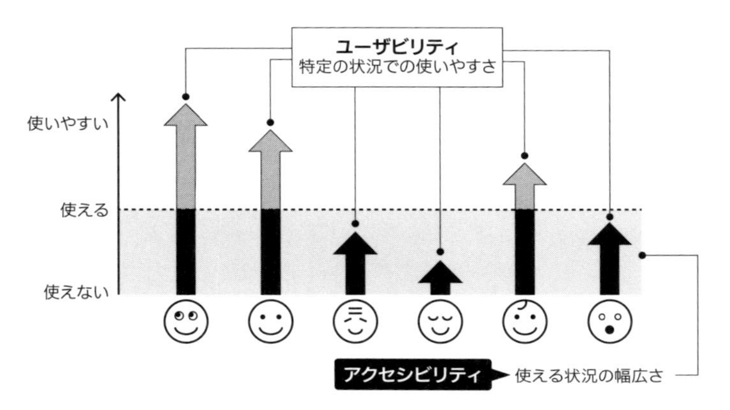

ごとにその度合いは変化します。アクセシビリティはそれらのユーザーごとの状況を横断して見たときに、「まず利用自体は可能である」というラインをどの程度の幅広さで達成できているかを表す言葉だといえます。

アクセシビリティは利用しやすさ？

アクセシビリティは「利用しやすさ」と翻訳されることもあり、辞書を引くとそのように記載されている場合もあります。しかし、この訳は誤解を生みがちです。「利用しやすさ」という語感からは「利用できることを暗黙の前提として、そのうえで使いやすいかどうかである」というイメージを持つ人が一定数存在すると考えます。そして、この語感が「改善したほうがよいけど、使えないわけではないから優先度は高くない」という解釈につながっているように思えるのです。

しかし、利用しやすさが「ゼロ」である、つまりまったく使えないことも多くあります。本書の題材であるモバイルアプリでも、そもそもUI（*User Interface*）上にあるボタンに気付くことすらできない、特定のジェスチャが行えないと操作できない、コントラストが低すぎて操作対象を見落とす……といった、まったく使えなくなる問題が当たり前のように潜んでいます。いずれも致命的なものであり、バグと称しても差し支えないでしょう。

アクセシビリティを高める活動とは、こうしたことが起きないように、「まず利用自体は可能である」という状況を増やしていくこと、そのための選択肢を用意していくことです。

アクセシビリティは障害者・高齢者対応?

利用しやすさが「ゼロ」である、つまりまったく使えないという状況になりやすい代表的な存在として、障害者や高齢者が挙げられることがあります。そして、障害者や高齢者が利用できるようにあと付けでアクセシビリティガイドラインを満たすことを指して「アクセシビリティ対応」と呼んでいるケースがあります。たしかに、障害者や高齢者にとっては、利用するものがアクセシブルであるかどうかが生活や仕事に直結するため、重要な問題です。「まず利用自体は可能である」を実現するうえで、障害者や高齢者が使えるようにすることは目標のひとつになるでしょう。

しかし同時に、アクセシビリティは障害者や高齢者のためだけのものではなく、アプリケーションを使おうとする状況すべてに対して必要なものです。誰もが加齢による衰えからは逃れられず、またアクシデントとは無縁ではいられないため、「利用できない」という状況はいつでも誰にも起き得ます。利用のハードルとなる「障害」は、人間側が持ったり抱えたりしているものではなく、利用における状況や環境、ひいては社会の側に存在しているものなのです(この点は、1.2節「さまざまな状況で使えるモバイルアプリ」の「加齢と障害」「一時的な障害」「医学モデルと社会モデル」の項で詳しく述べます)。

筆者としては、障害者や高齢者という「人の属性」やガイドラインを満たすことだけに着目して、欠けている部分をあとから埋めるような発想で「対応する」と考えるのは、やや局所的な考え方だと感じます。すでにアクセスの可能性を広げているモバイルアプリという存在の価値を最大化すべく、利用可能な「状況」をさらに大きく広げる、アクセシビリティを「向上」していくという考え方で取り組むのがよいと考えます。

1.2 さまざまな状況で使えるモバイルアプリ

iOSやAndroidにおいては、さまざまな状況での閲覧や操作をサポートするためのアクセシビリティ機能が数多く用意されています。情報そのものと表現を分離したうえで、表現にあたる部分はユーザー側で変更できるようにするというしくみによって、あらゆる状況で利用できる可能性が開かれています。

モバイルアプリは形を変えられる

物理的なプロダクトの場合、形を変えられないため、1つのもので提供できる選択肢には限界があります。たとえばユニバーサルトイレというものがあります(**図1-2-1**)。車椅子ユーザー、高齢者、オストメイト、子ども、乳幼児など、さまざまな状況の人が利用できるよう、状況ごとの器具が併設されています。トイレ全体としてはアクセシビリティが高いといえますが、そのためには複数の器具が必要です。

図1-2-1　ユニバーサルトイレ

出典：福岡空港　https://www.fukuoka-airport.jp/service/m-multipurpose-toilet.html

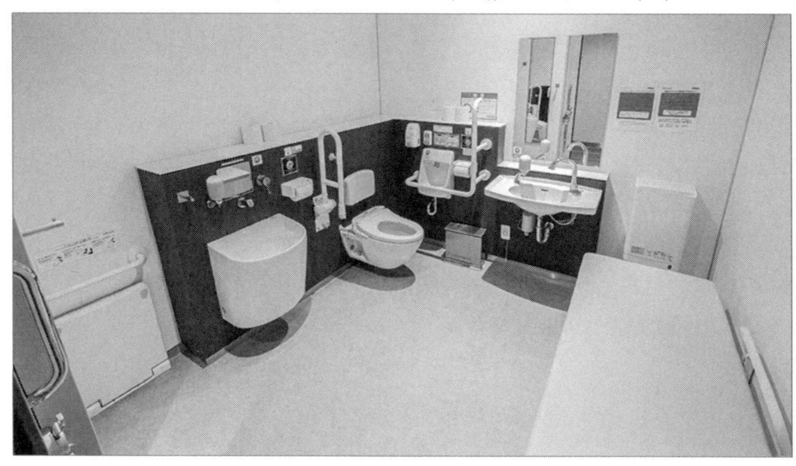

モバイルアプリにはこのような物理的な制約がありません。以下に示す例のように、情報そのものと表現を分離したうえで、表現にあたる部分はユーザー側で変更できるようになっています。

- **画面の色や文字が見えづらい場合でも、OSの設定によって配色を変更する、文字サイズを変更するといったように、ユーザー側で上書きできる**
- **画面がまったく見えない場合でも、スクリーンリーダーという支援技術を使うと、画面上にあるものを音声で読み上げたり点字で表示したりすることで中身を理解できる**
- **タッチスクリーンが使えない場合でも、外部キーボードで操作を行える。ほかにも、頭の向きや視線、表情、音声や物理スイッチといったさまざまな操作方法が利用できる**

このように、OSの設定を調整したり、「支援技術」と呼ばれるハードウェア・ソフトウェアを経由したりすることで、閲覧方法や操作方法をまったく別物にも変えられます。ソフトウェアプロダクトなら、同じものでありながらも形を変えることが可能であり、1つのものから提供できる選択肢を大きく増やすことができるのです。

アクセシビリティ機能と利用状況

iOSでは「アクセシビリティ」、Androidでは「ユーザー補助」という総称で、表示内容や操作方法を変更するための機能が数多く用意されています。ここでは、その中での代表的なものを紹介します。どういう状況をサポートする機能なのかを理解しやすくするため、その機能と関係が深い障害の説明とともに、利用状況の例を示します。

障害の説明はモバイルアプリの利用状況を理解するための概説であり、医学的見地や、障害者手帳の等級などに基づくものでないことにご注意ください。また、障害が重複するケースもありますが、本書では解説を省略しています。

iOSのアクセシビリティ機能に関する詳細な情報は、Appleの「アクセシビリティ」注3、「アクセシビリティのサポート」注4、「iOSのアクセシビリティ

注3 https://www.apple.com/jp/accessibility/

注4 https://support.apple.com/ja-jp/accessibility

機能」[注5]で確認できます。

Androidのアクセシビリティ機能に関する詳細情報は、Androidの「ユーザー補助」[注6]、「Androidのユーザー補助機能ヘルプ」[注7]、「Androidユーザー補助機能の概要」[注8]で確認できます。

弱視・ロービジョン

弱視・ロービジョンは、視力が低い、視野が狭いなどの理由で見えにくく、眼鏡やコンタクトレンズを使用しても矯正に限界がある状態を指します。輪郭がぼやけて見える、中心だけ見える、周辺だけが見える、一部だけが見える、まぶしさを感じる、薄暗いと判別しにくいなど、見えにくさは人によってさまざまです。

画面を見て表示内容を知覚することは可能なので、スマートフォンを視覚的に利用し、タッチスクリーンによって操作を行います。ただし、初期設定のままでは見えづらさを感じたり、長時間作業する際に苦痛を感じたりする場合があります。iOSやAndroidには、そうした状況をサポートするためのアクセシビリティ機能が数多く用意されています。

- **iOS：ズーム機能／Android：拡大**
  画面を大きくズームして閲覧できる（**図1-2-2、図1-2-3**）
- **iOS：反転（スマート、クラシック）／Android：色反転**
  画面の色をネガポジ反転して、眩しさを抑えたり、テキストやアイコンなどを見やすくする
- **iOS：外観モード／Android：ダークモード**
  暗い背景色を基調とした色合いのUIに変更する
- **iOS：ホワイトポイントを下げる／Android：さらに輝度を下げる**
  画面内での明るい部分の明るさを抑え、眩しさを軽減する
- **iOSのみ：透明度を下げる**
  背景が透ける表現を減らし、テキストやアイコンを見分けやすくする
- **iOSのみ：視差効果を減らす**
  奥行き感を演出するアニメーションを減らし、対象物を見つけやすくする

注5 https://support.apple.com/ja-jp/guide/iphone/iph3e2e4367/ios

注6 https://www.android.com/intl/ja_jp/accessibility/

注7 https://support.google.com/accessibility/android?hl=ja#topic=6007234

注8 https://support.google.com/accessibility/android/answer/6006564?hl=ja&ref_topic=6007234

画面全体を変更するだけでなく、画面内の文字やアイコンの表示を調整することも可能です。

- **iOS：さらに文字を拡大／Andorid：フォントサイズ**
  文字サイズを大きくできる（**図1-2-4**、**図1-2-5**）
- **Androidのみ：表示サイズ**
  アイコンや吹き出しといった画面内の要素を大きくできる
- **iOS：コントラストを上げる／Android：高コントラストテキスト**
  よりはっきりした文字色に変更できる

図1-2-2　iOSのズーム機能を利用している様子

図1-2-3　Androidの拡大を利用している様子

図1-2-4　iOSで文字サイズを大きくしている様子

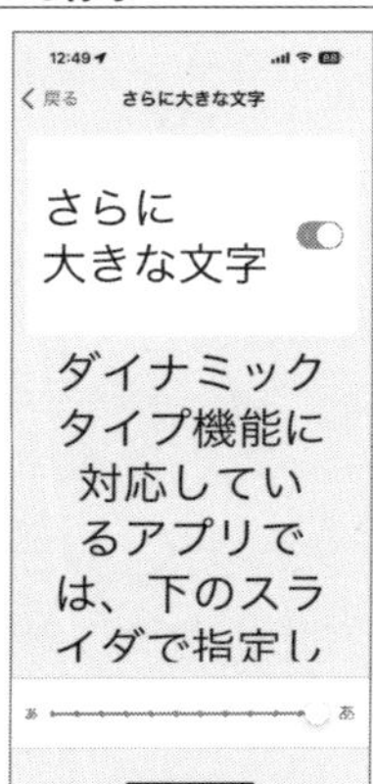

図1-2-5　Androidの「表示サイズとテキスト」で最大に設定している様子

- **iOS：文字を太くする／Android：テキストを太字にする**
  文字を太字にして判別しやすくする

さらに、以下のような形でスマートフォンを使っていることもあります。このような柔軟な使い方ができるのも、スマートフォンの特徴です。

- **顔にスマートフォンを近付け、視力を補う形で利用する**
- **画面拡大を行うとスクリーンキーボードが使いにくいため、Bluetoothキーボードを併用する**
- **画面拡大に加えて、テキスト読み上げ機能やスクリーンリーダーを併用する。iOSには「選択読み上げ」（図1-2-6）、Androidには「選択して読み上げ」（図1-2-7）がある**

色覚特性・色弱

色の見え方は人によって違いがあります。人は網膜にあるL錐体（すいたい）・M錐体・S錐体という3種類の視細胞によって色を感じています。L錐体は黄緑～赤、M錐体は緑～橙、S錐体は紫～青を感じますが、この錐体のいずれか、または複数が機能していない場合に色の感じ方が変わってきます。この色の感じ

図1-2-6　iOSの選択読み上げを行おうとする様子

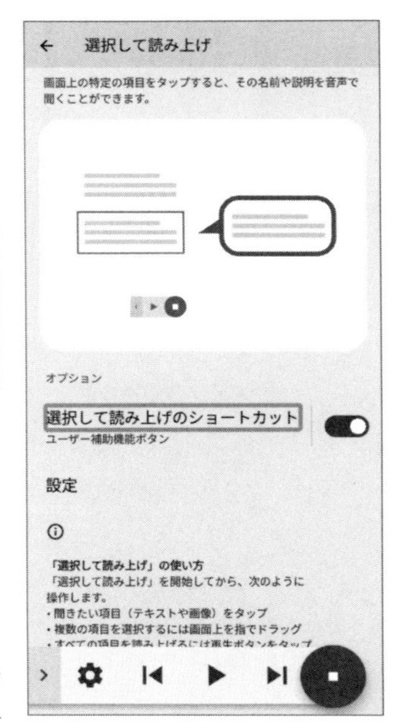

図1-2-7　Androidの「選択して読み上げ」ですべての項目読み上げを行う様子

方を色覚特性といいます。NPO法人カラーユニバーサルデザイン機構(CUDO)が提唱する呼称[注9]によれば、以下のようなタイプがあります(**表1-2-1**)。

- **C型(一般型):すべての錐体が十分に機能している**
- **P型:L錐体(黄緑〜赤)が機能していない、または弱い**
- **D型:M錐体(緑〜橙)が機能していない、または弱い**
- **T型:S錐体(紫〜青)が機能していない**
- **A型:1つの錐体しか機能していない、またはすべての錐体が機能せず、モノクロームに見える**

色覚特性がある場合、隣り合う色どうしの区切りを見つけられなかったり、強調表示が逆に薄く見えたりして、情報の解釈を誤ることがあります。そうした問題を軽減するため、iOSやAndroidには以下のようなアクセシビリティ機能があります。

- **iOS:カラーフィルタ/Android:色補正**
  - 特定の色を置き換える。たとえば、赤と緑の区別が付きにくい場合、赤色をピンク色に置き換え、緑色と区別しやすくする(**図1-2-8**)

注9　https://www2.cudo.jp/wp/?page_id=84

表1-2-1　NPO法人カラーユニバーサルデザイン機構(CUDO)が提唱する呼称

CUDOの新呼称		従来の呼称			
C型	一般色覚者	色覚正常			3色型
P型(強・弱)	色弱者	第1	色盲・色弱	赤緑色盲	2色型 異常3色型
D型(強・弱)		第2	色覚異常		
T型		第3	色覚障害	黄青色盲	
A型		全色盲			1色型

図1-2-8　iOSのカラーフィルタを設定している様子

- **iOSのみ：カラー以外で区別**
  色での区別に加えて形状の変化が追加される。たとえば、赤と緑で区別する円形のアイコンにおいて、赤色のときは四角形に変化する
- **iOSのみ：オン／オフラベル**
  スイッチをオンにしたときには「1」、オフにしたときには「0」と表示される
- **iOSのみ：ボタンの形**
  ボタンのラベルに下線が引かれる、ボタンの境界が見えるなどで形が明確になる

全盲

全盲は、視力がほとんどない、あるいはまったくない状態であり、視覚的に物を見分けたり文字を読んだりすることができません(光を感じたり、色がわかったりする場合はあります)。このため、画面の表示内容を視覚的には知覚できない状態にあります。

前述のスクリーンリーダーという支援技術を通じて、スマートフォンを利用します。画面の状況や、今行える操作が何か、入力した文字が何かといった把握は、すべて音声の読み上げによって行います。OS標準のスクリーンリーダーとして、iOSではVoiceOver(**図1-2-9**)、AndroidではTalkBack(**図1-2-10**)が搭載されています。

画面が見えないため、それを前提にしたスクリーンリーダー固有のジェスチャで操作や入力を行います。スワイプでスクリーンリーダー専用のカーソルを移動させることで、画面の左から右、上から下に読み上げ対象が切り替わり、テキストやボタンなどのUI要素の種類や、名前、状態などを音声で読み上げます。

ほかにも、以下のような使い方を併用している場合があります。

- **画面をタッチした位置の読み上げを併用する**
- **点字が読める場合、点字ディスプレイでテキストを把握する**
- **画像化された文字を認識するため、OCRソフトで文字認識する**
- **Bluetoothキーボードを併用して操作効率を向上する**

ただし、平成18年の厚生労働省の調査[注10]によれば、全盲・弱視を合わせた視覚障害者のうち、点字ができると回答したのは12.7%です。

注10 https://www.mhlw.go.jp/toukei/saikin/hw/shintai/06/dl/01_0001.pdf

図1-2-9　iOSのVoiceOverを操作している様子

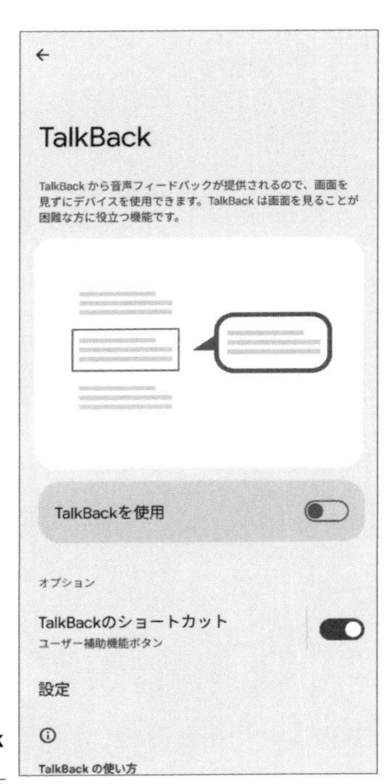

図1-2-10　AndroidのTalkBackの設定画面の様子

また、iOSでは「バリアフリー音声ガイド」を設定することで、動画の映像が視聴できない場合でも音声解説を使って動画の内容の理解を補助できます。

上肢障害

上肢障害は、腕・手・指が動かせない、または動かしにくい状態を指します。力が入りにくい、細かな力加減ができない、不随意運動が起こり意図どおりに動かせない、疲れやすいため連続して動かせない、麻痺していて動かせない、部位が欠損しているなど、その状態はさまざまです。

タッチスクリーンをそのまま使えない場合は、物理的なハードウェアとソフトウェアによる支援を組み合わせて対応しています。状況によってその組み合わせはさまざまです。**図1-2-11**〜**図1-2-23**に一例を紹介します。

図1-2-11 マウスを接続する❶ ——スマートフォンにマウスを接続して操作する

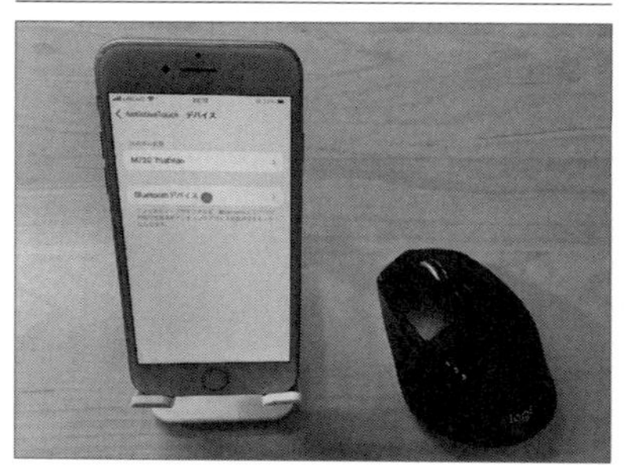

図1-2-12 マウスを接続する❷ ——代替マウス

ジョイスティックと大きなボタンで操作するマウスなどを用いる。写真はらくらくマウスIII　写真提供：テクノツール株式会社

図1-2-13 キーボードを接続する❶ ——スマートフォンにキーボードを接続して操作する

図1-2-14 キーボードを接続する❷ ——キーボードカバー

キーの押し間違いを防止するカバーを付ける。写真はキーガード付きキーボード　写真提供：株式会社ビット・トレード・ワン

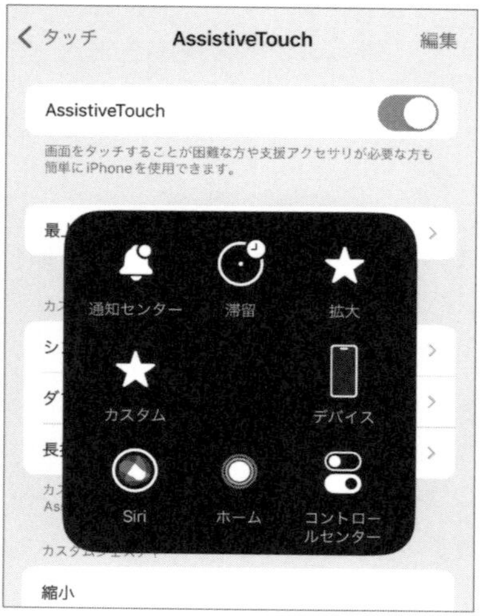

図1-2-15 ショートカットで操作方法を調整する

ボタンを押したりジェスチャを行うのが難しい場合、代わりになるショートカットを作ってホーム画面に置くことができる。図はiOSのAssistiveTouchのメニューが表示されている様子。Androidにもユーザー補助機能メニューという類似の機能がある

図1-2-16　タッチ操作を代替する❶ ——カメラ入力

フロントカメラを通して、顔の向きや表情で操作する方法がある。図はiOSのヘッドドラッキングモードを使い、顔の向きでマウスポインタ（黒丸）を移動している様子。Androidにもカメラスイッチという表情などで入力する機能がある

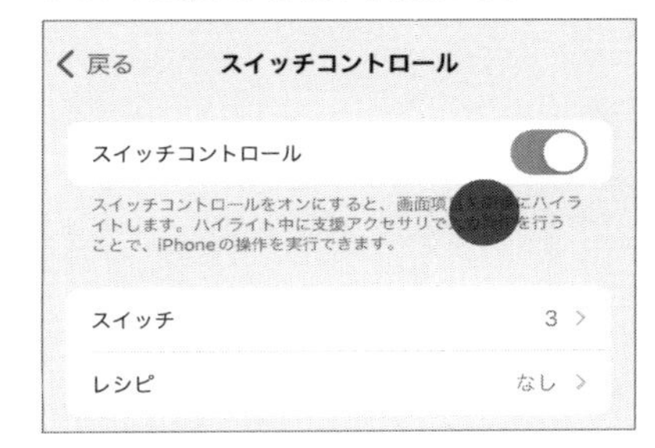

図1-2-17　タッチ操作を代替する❷ ——滞留コントロール

クリックが難しい場合、マウスポインタを一定時間、同じ場所にとどめておくとアクションが実行されるという操作方法がある。図はiOSの滞留コントロールの操作状態。Androidにも自動クリックという同等の機能がある

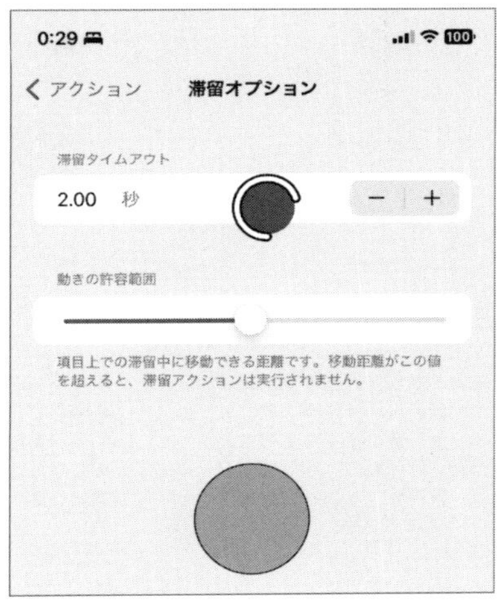

図1-2-18　音声で操作する

画面内のラベルや番号を発話することで選択し、タッチスクリーン相当の操作をできる。図はiOSの音声コントロールの操作状態（ラベル表示）。AndroidにもVoice Accessという同等の機能がある

図1-2-19　スイッチで操作する❶ ——スイッチコントロール

スイッチだけで操作できるモードになる。たとえば項目モードであれば、スイッチを押すたびにカーソルが移動し、もうひとつのスイッチを押すとタップが実行される。図はiOSのスイッチコントロールを項目モードで操作している様子

図1-2-20 スイッチで操作する❷
——Androidのスイッチアクセスの設定を三目並べでテストしている様子

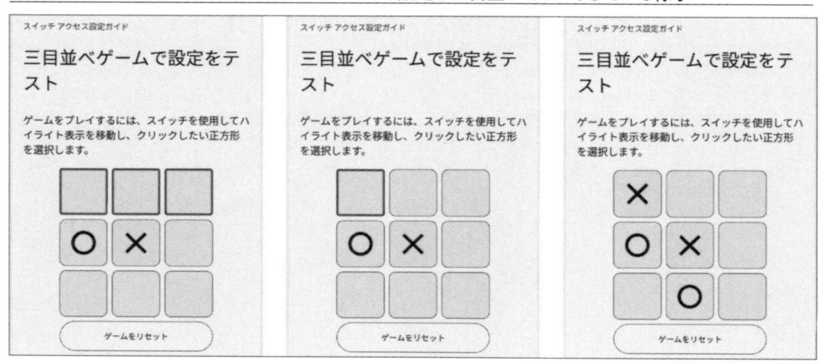

図1-2-21 スイッチで操作する❸
——Bluetooth接続のスイッチ

操作の選択と実行をすべてスイッチのオン／オフだけで行える。大きいスイッチ、弱い力でも押せるスイッチ、息で操作する呼気スイッチ、筋肉の動きを検知する筋電位スイッチなど、さまざまなものがある。写真はブルー2FT　写真提供：パシフィックサプライ株式会社

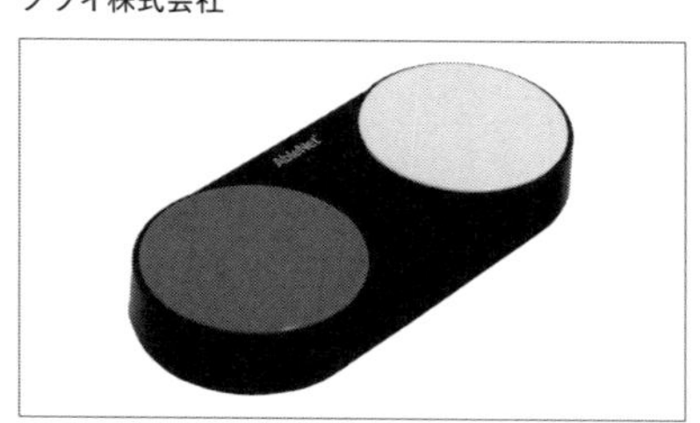

図1-2-22 スイッチで操作する❹
——指で挟んで押せるスイッチ

写真はフィンガースイッチ　写真提供：テクノツール株式会社

図1-2-23 スイッチで操作する❺
——センサー式のスイッチ

写真は、わずかな筋肉の動きで作動するピエゾセンサー（圧電素子）と、指先のわずかな動きで作動するエアバッグセンサー（空圧）の2種類が付くピエゾニューマティックセンサスイッチ「PPSスイッチ」　写真提供：パシフィックサプライ株式会社

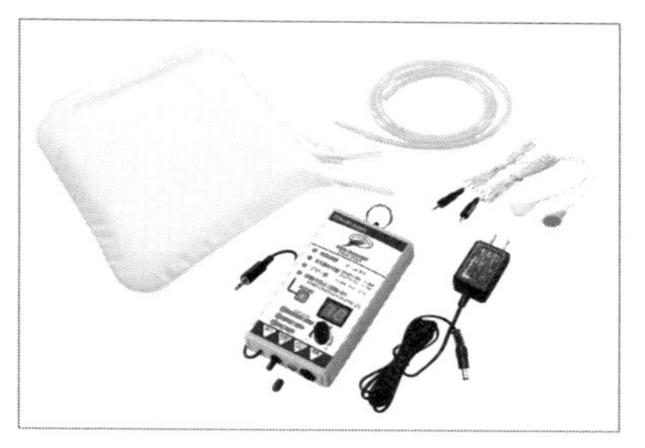

聴覚障害

聴覚障害は、音が聞こえない、または聞こえにくい状態を指します。「聞こえなさ」は人によってさまざまです。

音が聞こえにくいと、音声付き動画や、ラジオやポッドキャストといっ

た音声コンテンツを利用することが難しくなるため、コンテンツに対してはキャプションや書き起こしが必要になります。iOSでは字幕をオンにすると、キャプションが用意されている場合に、それを動画と同時に表示できます(**図1-2-24**)。

提供側がこうした情報を用意できていない場合、自力でテキスト化して内容を認識するという手段があります。Androidには「自動字幕起こし」という機能があります。ほかにもさまざまなサードパーティ製の音声文字起こしツールがあります。ただし、その精度は必ずしも十分ではない場合もあります。

なお、手話を第一言語とする人にとって、音声言語(たとえば日本語)は第二言語に相当する場合があります。この場合、キャプションや書き起こしだけだと伝わりにくく、手話も必要である点に注意が必要です。

音が鳴っていること自体に気付けないこともあります。スマートフォンの通知音や警告音に気付くことできるよう、iOSでは「LEDフラッシュ通知」で、Androidでは「点滅による通知」で、通知音が鳴るときに画面を点滅させる設定ができます。また、iOSでは「サウンドと触覚」で、Androidでは「バイブレーションとハプティクス」で、触覚フィードバックの設定が行えます。iOSではモバイルアプリ側でアプリケーション固有の触覚フィードバックを追加することも可能です。

ほかにも、iOSでは「ヒアリングデバイス/補聴器」(**図1-2-25**)、Android

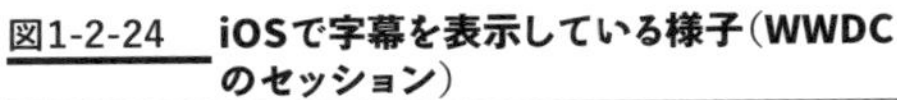

図1-2-24 iOSで字幕を表示している様子(WWDCのセッション)

図1-2-25 iOSのヒアリングデバイスのカスタム設定の様子

では「補聴器のサポート」として専用ハードウェアに対する設定が行えたり、iOSでは「モノラルオーディオ」、Androidでは「モノラル音声」として音を聞き取りやすくする設定も行えます。

認知・学習障害

精神障害の状況は非常に多様であるため、モバイルアプリの利用において特に直接的な課題になりやすい認知・学習障害に絞って取り上げます。認知・学習障害者が使いやすいコンテンツ設計のためのアドバイスとしてW3C(*World Wide Web Consortium*)が公開している「Making Content Usable for People with Cognitive and Learning Disabilities」[注11]によれば、認知・学習障害とは、以下のような認知機能に関する障害が生じている状態を指します(抄訳は筆者による)。

- **学習、コミュニケーション、読み書き、数学**
- **新しい情報や複雑な情報を理解して技能を習得する能力、自立して対処する能力**
- **記憶力、注意力、視覚的・言語的・数値的な思考力**

こうした障害がある場合、Webの利用において以下の事例のような課題が生じるとされています[注12]。

- **短期記憶障害がある人は、パスワードやアクセスコードを思い出せないかもしれない。新しいアイコンやインタフェースを覚えにくかったり、覚えられなかったりする可能性がある**
- **ワーキングメモリ(情報を一時的に記憶しておく能力)に障害がある人は、同時に記憶しておける項目が1～3個ほどに限られる場合がある。そのため、情報を一時的に保持したり、アクセスコードをコピーしたりすることが難しくなる**
- **情報処理能力が異なる人は、画面上のデザインの関係性や情報を理解するために、さらに時間がかかる場合がある**
- **言語関連障害がある人は、シンプルでわかりやすい言葉や指示が必要な場合がある。また、コンテンツの理解のために、補助的なグラフィック、アイコン、見慣れたシンボルに依存する場合もある**
- **社会的障害やコミュニケーション障害のある人は、比喩や、文字以外のテキスト、新しいアイコンを理解できず、文字どおりの明確な言葉を必要とする場合がある**

注11 https://www.w3.org/TR/coga-usable/

注12 筆者はモバイルアプリにも適用できる内容だと考えるため、本書でも紹介します。

- **数学的概念の理解に障害がある人は、パーセンテージなどの数値参照を理解できなかったり、混同したりすることがある**
- **集中力の維持・回復に課題がある人は、気が散ったり中断されたりすることが多いと、簡単なタスクでも完了するのが難しくなることがある。注意が散漫になったあとに文脈を取り戻すために、ヘッダや道しるべが必要な場合もある**
- **学習に関する認知障害や学習障害のある人は、新しいプロセスや認証作業を完了するために、より多くのサポートや時間を必要とする場合がある**
- **認知・学習障害がある多くのケースで、複雑で多段階のプロセス（フォームへの記入、データの正確な入力、必要なコンテンツや機能の検索など）を進めようとする際に、認知的疲労に悩まされることがある。エラーを最小限に抑え、タスクを完了するためのサポートを必要とする**

こうした状況に対し、ユーザーはiOSやAndroidのアクセシビリティ機能により、以下のようなサポートを得られます。その多くはこれまで紹介してきた機能と同一です。

- **表示方法の変更**
  - 画面拡大や文字サイズ拡大により読みやすくする
  - 画面の色、文字のコントラストや太さ、フォントなどを変更して読みやすくする
  - 「カラー以外で区別」「オン／オフラベル」「ボタンの形の表示」などをオンにして知覚しやすくする
- **コンテンツの変換や調整**
  - 選択したテキストを音声で読み上げて理解する
- **入力方法の変更や補助**
  - 音声認識機能でテキストを入力する
  - パスワード管理ツールやフォームの自動入力機能を使う
  - 文法チェッカーやスペルチェッカーを使う
- **動画・音声の変換や調整**
  - 字幕を表示して理解を補助する
  - 音声を文字起こしするツールを使って理解を補助する
  - 音声解説を使って理解を補助する
  - 再生速度を調整して理解を補助する
- **集中を削ぐ要素の抑制**
  - 「視差効果を減らす」「透明度を下げる」機能を設定する
  - メッセージや動画の自動再生を停止する機能を設定する
  - 音声に対してノイズキャンセリングを適用して集中できるようにする
  - 雑音を打ち消す環境音を再生して集中できるようにする
- **別モードでの利用**
  - ショートカット機能を使い、よく使う機能に直接アクセスできるようにする

- 機能を限定したモードでスマートフォンを使用し、理解しやすくしたり、誤操作を防止する
- Siri、Googleアシスタントなどの音声エージェント経由でスマートフォンを使用する

上記のうち多くは、これまで紹介してきた機能と同じものを指します。そのなかで、特に認知・学習障害を想定した機能としては、以下が挙げられます。

- **iOSのみ：アシスティブアクセス**
  iOSそのものが、画面上の項目が大きく表示され機能も限定された別モードになる（**図1-2-26**）
- **Androidのみ：アクションブロック**
  よく使うアクションに対して写真やアイコンを設定し、ホーム画面にショートカットとして設置できる（**図1-2-27**）
- **iOSのみ：アクセスガイド**
  目の前の作業に集中したり、誤操作を防止するため、特定の1つのアプリケーションしか利用できないよう制限する（**図1-2-28**）

図1-2-26　iOSのアシスティブアクセス

https://support.apple.com/ja-jp/guide/assistive-access-iphone/iphb86e84e2b/iosより引用

図1-2-27　Androidのアクションブロック

https://play.google.com/store/apps/details?id=com.google.android.apps.accessibility.maui.actionblocks&hl=jaより引用

図1-2-28　iOSのアクセスガイドを設定する様子

- **iOSのみ：バックグラウンドサウンド**
  海の波の音や雨音などの環境バックグラウンドサウンドを再生できる

ただし、こうした補助機能を使ったり、ほかの使い方を試してみても、もともとわかりにくいものをわかりやすくすることはできません。認知・学習障害に対しては、本質的にはアプリケーションをシンプルでわかりやすく設計することが必要です。

加齢と障害

これまで障害種別として挙げてきた視覚・上肢・聴覚・認知や学習に関する障害は、加齢によって誰でも少しずつ発現していきます。「高齢者向け生産現場設計ガイドライン」注13のレーダーチャートは、壮年者(30〜49歳)の動態・視覚・聴覚の能力を1としたとき、前期高齢者(65〜74歳)の能力がおおむね8割〜6割まで低下することを示しています(**図1-2-29**)。

また、加齢に伴い、障害者手帳の交付対象となるような医学的な障害が発現する割合も上昇していきます。「令和4年 生活のしづらさなどに関する調査(全国在宅障害児・者等実態調査)結果」注14によれば、身体障害者手帳所持者は約416万人、うち65歳以上の割合は71.2%でした。加齢と身体障害には相関があり、高齢者が増えるほど、身体障害者も増えていきます。

このため、前項「アクセシビリティ機能と利用状況」で解説したアプリケーション利用時の課題は、加齢によっても同様に発生します。高齢者とアクセシビリティの関係性を理解するための資料としてW3Cが公開している「Older Users and Web Accessibility」注15では、「重なり合うニーズ：高齢者と障害者」として、以下の例を挙げています(抄訳は筆者による)。

- **視覚**
  コントラスト感度、色彩感覚、近接焦点の低下により、画面内の情報を読み取るのが難しくなる
- **身体能力**
  器用さや細かい運動能力の低下により、小さなターゲットのタップが困難になる

注13 https://www.hql.jp/database/wp-content/uploads/person_base-guide-seisan.pdf
注14 https://www.mhlw.go.jp/toukei/list/seikatsu_chousa_r04.html
注15 https://www.w3.org/WAI/older-users/

図1-2-29 壮年者と前期高齢者の比較(動態・視覚・聴覚)

出典:高齢者向け生産現場設計ガイドライン https://www.hql.jp/database/wp-content/uploads/person_base-guide-seisan.pdf

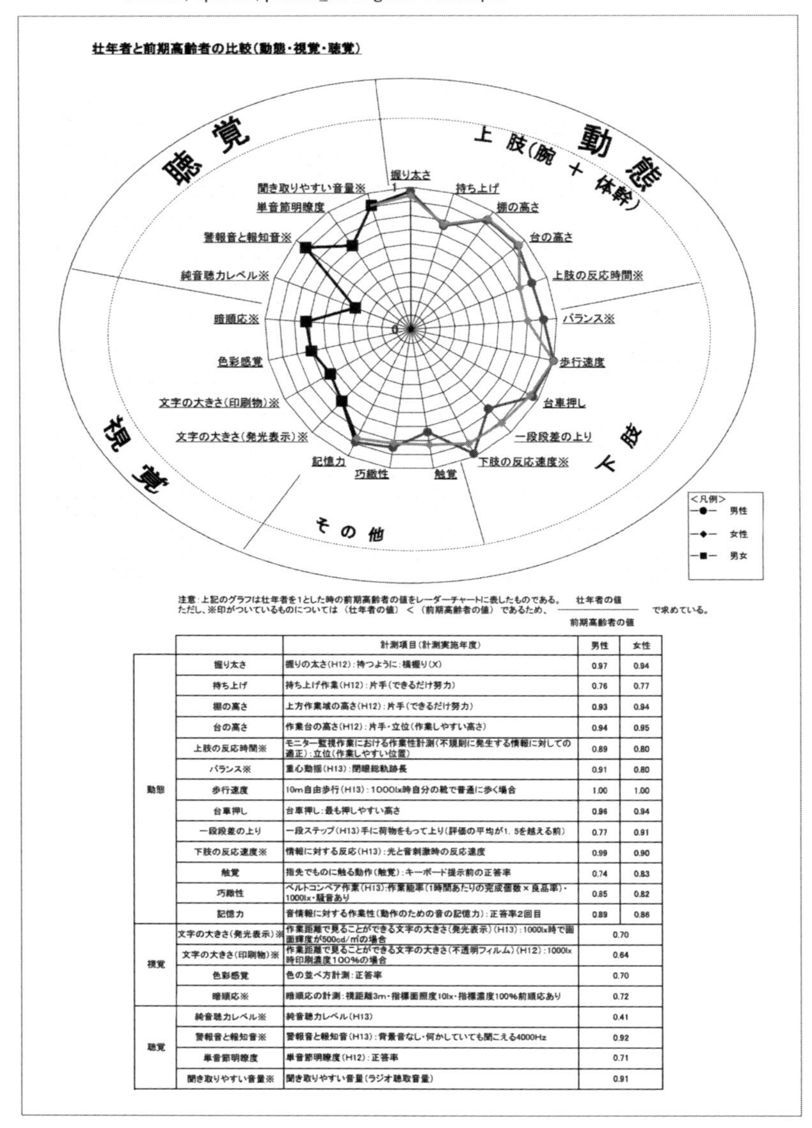

注意:上記のグラフは壮年者を1とした時の前期高齢者の値をレーダーチャートに表したものである。
ただし、※印がついているものについては(壮年者の値)<(前期高齢者の値)であるため、壮年者の値/前期高齢者の値で求めている。

		計測項目(計測実施年度)	男性	女性
動態	握り太さ	握りの太さ(H12):持つように:横握り(X)	0.97	0.94
	持ち上げ	持ち上げ作業(H12):片手(できるだけ努力)	0.76	0.77
	棚の高さ	上方作業域の高さ(H12):片手(できるだけ努力)	0.93	0.94
	台の高さ	作業台の高さ(H12):片手・立位(作業しやすい高さ)	0.94	0.95
	上肢の反応時間※	モニター監視作業における作業性計測(不規則に発生する情報に対しての適正):立位(作業しやすい位置)	0.89	0.80
	バランス※	重心動揺(H13):閉眼総軌跡長	0.91	0.80
	歩行速度	10m自由歩行(H13):1000lx時自分の靴で普通に歩く場合	1.00	1.00
	台車押し	台車押し:最も押しやすい高さ	0.96	0.94
	一段段差の上り	一段ステップ(H13)手に荷物をもって上り(評価の平均が1.5を越える前)	0.77	0.91
	下肢の反応速度※	情報に対する反応(H13):光と音刺激時の反応速度	0.99	0.90
	触覚	指先でものに触る動作(触覚):キーボード提示前の正答率	0.74	0.83
	巧緻性	ベルトコンベア作業(H13):作業能率(1時間あたりの完成個数×良品率)・1000lx・騒音あり	0.85	0.82
	記憶力	音情報に対する作業性(動作のための音の記憶力):正答率2回目	0.89	0.86
視覚	文字の大きさ(発光表示)※	作業距離で見ることができる文字の大きさ(発光表示)(H13):1000lx時で画面輝度が500cd/m²の場合	0.70	
	文字の大きさ(印刷物)※	作業距離で見ることができる文字の大きさ(不透明フィルム)(H12):1000lx時印刷濃度100%の場合	0.64	
	色彩感覚	色の並べ方計測:正答率	0.70	
	暗順応※	暗順応の計測:視距離3m・指標面照度10lx・指標濃度100%前順応あり	0.72	
聴覚	純音聴力レベル※	純音聴力レベル(H13)	0.41	
	警報音と報知音※	警報音と報知音(H13):背景音なし・何かしていても聞こえる4000Hz	0.92	
	単音節明瞭度	単音節明瞭度(H12):正答率	0.71	
	聞き取りやすい音量※	聞き取りやすい音量(ラジオ聴取音量)	0.91	

- **聴覚**
  高い音が聞こえにくい、音が分離しにくいなどの理由により、特にBGMがある場合にポッドキャストやそのほかのオーディオを聞き取ることが難しくなる
- **認知能力**
  短期記憶力の低下、集中力の低下、気が散りやすいなどの理由より、ナビゲーションに従ったり、オンラインタスクを完了したりすることが困難になる

モバイルアプリ利用における、加齢による課題を感じたときの対処方法は、前項「アクセシビリティ機能と利用状況」で解説した方法と同じです。ただし、どのような形で問題が発生するかは人によってさまざまなので、対応の組み合わせも千差万別です。

加齢に伴う能力の変化はグラデーションであり、また認知・学習障害の場合と重なる部分もあります。そのため、加齢に対する本質的なアプローチは、やはりアプリケーションをシンプルでわかりやすく設計することになります。

一時的な障害

現時点では障害者手帳の交付となるような障害がなく、加齢による障害も生じていなくても、アプリケーションの利用にハードルが生じるケースは日常的にあります。たとえば以下のようなケースでは、誰もが一時的に障害がある状況になり得ます。

- **視覚に関するもの**
  - メガネを忘れたりコンタクトレンズをなくしたりして画面が見えにくい
  - 晴天の中で画面を見たら、薄い色の見分けがつかない
  - 通信回線が帯域制限中のため、大きな画像をダウンロードできない
- **上肢に関するもの**
  - 手を怪我したり、腱鞘炎になったりしてタッチスクリーンが操作しづらい
  - 子供や荷物を抱えているため、手を使って操作できない
  - タッチスクリーンが壊れてしまい、別の方法で操作が必要になった
- **聴覚に関するもの**
  - 職場や電車の中なのでスピーカーで音を聞くことができない
  - Bluetoothイヤホンの電池が切れて音を聞くことができない
  - 通信回線が帯域制限中のためストリーミングの動画を再生できない
- **認知や学習に関するもの**
  - 飲酒していたり、睡眠が不足していたりして認知能力や学習能力が低下している
  - 体調が悪く集中できない状態で、スマートフォンで症状を検索し、病院を探している

- 海外旅行中で、現地の情報を得るために外国語で書かれた記事を読む必要がある

こうしたケースは、先に挙げた障害種別ごとの利用状況や、加齢による障害が生じている利用状況と近似しているといえます。むしろ、自身ができること・できないことの理解が追いついていなかったり、日ごろのシミュレーションやトレーニングをしていない分、より混乱しやすい状況だともいえます。しかし、対象とするサービスがアクセシブルであれば、こうした状況を独力で切り抜けられる可能性があります。

医学モデルと社会モデル

ここまで、いわゆる医学的な障害、加齢による障害、一時的な障害までを見てきました。これらを並べるとわかるのは、障害の原因が何であれ、同じように「そのままではアプリケーションがうまく使えないため補助や支援が必要になる」という「状況としての障害」が存在するということです。また、その状況への対処も共通しています。これは障害の社会モデルの考え方に通じます。

障害には医学モデルと社会モデルという考え方があります。

医学モデルでは、障害は人の身体側にあると考えます。「障害を持つ」「障害を抱える」という言い方があるように、目や耳、四肢、精神などの身体のほうに障害があるという考え方です。車椅子ユーザーを例に考えてみます。この人が段差を登れないのは個人の歩行能力の問題であると考えるのが医学モデルです。この問題を解決するには、この人に治療やリハビリテーションを実施して歩行能力の回復や向上を図ることになります。

社会モデルでは、障害は社会の側にあると考えます。多様なユーザーの状況がある中で、社会や環境が対応できていないがゆえに障害が生じているという考え方です。車椅子ユーザーで考えると、この人が段差を登れないのは段差を生じさせている環境や社会側の問題であると考えるのが社会モデルです。この問題を解決するには、段差に対してカーブカット（段差の一部を斜面にして段差を解消する）を施工することになります。

外務省の「障害者権利条約パンフレット」注16には、2011年の障害者基本法

注16 https://www.mofa.go.jp/mofaj/gaiko/jinken/index_shogaisha.html

の改正によって、障害の社会モデルは国としての基本方針に盛り込まれたことが記されています。筆者としても、モバイルアプリのアクセシビリティの向上を進めていくには、社会モデルの考え方に立脚すべきだと考えます。障害はユーザー側にあるのではなく、ユーザーとサービスの間の界面に存在すると考えるのです。

1.3 モバイルアプリのアクセシビリティに取り組む理由

モバイルアプリのユーザーは非常に多いため、アクセシビリティに取り組めば、サービスにアクセスできるユーザーが大きく増加します。その可能性は、対象となるサービスの枠組みを超えて広がっていきます。アクセスできる状況を増やすことは、ユーザビリティの改善にもつながります。反対に、取り組まないことは今後のサービス運営においてリスクを生むことにもなります。

多くの人が長い時間向き合うモバイルアプリ

前提として、そもそもモバイルアプリのユーザーは非常に多いです。「令和5年 通信利用動向調査」[注17]によれば、スマートフォンを保有している世帯の割合は90.6%、個人でのスマートフォンの保有割合も78.9%であり、さらに増加傾向にあります。

そして、利用時間も非常に長いです。「令和5年度 情報通信メディアの利用時間と情報行動に関する調査」[注18]によれば、平日のモバイル機器によるインターネット平均利用時間は約123分、休日だと約151分です。特に10代は平日・休日ともに200分を超過、20代も休日だと200分を超過しています。

なお、この調査の「インターネット利用」とは、以下の行為を指していま

注17 https://www.soumu.go.jp/johotsusintokei/statistics/statistics05.html
注18 https://www.soumu.go.jp/iicp/research/results/media_usage-time.html

す。実質的にモバイルアプリを通してコンテンツや機能を利用していると解釈して大きな誤りはないと考えます。

- **メールを読む・書く**
- **ブログやWebサイトを見る・書く**
- **ソーシャルメディアを見る・書く**
- **動画投稿・共有サービスを見る**
- **VOD（*Video on Demand*）を見る**
- **オンラインゲーム・ソーシャルゲームをする**
- **印刷物の電子版を見る**
- **遠隔会議システムやビデオ通話利用**

これらの調査結果を見る限り、モバイルアプリはもはや完全に生活の一部となっていると言ってよいでしょう。ゆえに、モバイルアプリのアクセシビリティを向上することには大きな価値があるのです。

特に、アプリケーションであり、インターネットに接続するものである、という点が重要です。モバイルアプリの多くは1回限りの利用ではなく、あるタスクを繰り返し行うような継続的な利用を前提としています。日々使うアプリケーションがアクセシブルになると、自力では不可能だったことや多大な労力を払っていたことが、単独で苦もなく行えるという変化が訪れます。また、モバイルアプリの多くはインターネットに接続して利用します。その特徴を活かし、共同利用を前提とする設計も容易です。この点でもアクセシビリティは重要です。複数人で利用するものを一部のユーザーが使えないと、コラボレーションは不完全になってしまいます。

iOSやAndroidというプラットフォームを使ってサービスを提供する各企業は、意識しているかどうかを問わず、そのプラットフォームが持つアクセシビリティを前提としています。だからこそ、今まで多くの人、多くの状況にサービスの価値が届き、これまで活動し続けられたわけです。そういった企業の理念を本当に実現し、今の社会や生活の構造を根本から変えるには、さらにプラットフォームのポテンシャルを引き出し、そのサービスのユーザーになり得る人をすべて巻き込まねばなりません。

ここからは、そうした取り組みを前に進めていくための具体的なメリットとして「アクセスできない人を減らし、ユーザーを増やせる」「アクセスできると口コミが広がり、市場が生まれる」「ユーザビリティを高められる」「権利を守り、法を遵守できる」の4点を解説します。

アクセスできない人を減らし、ユーザーを増やせる

アクセシビリティに取り組んでいない状態では、知らぬ間に「アクセスできないユーザー」が生じ、知らぬ間にユーザーが減っています。その数は無視できません。逆にいえば、アクセシビリティを向上すると、コンテンツや機能を変更せずともユーザーが減ることを止められる、つまりユーザーが増やせるといえます。アクセシビリティはデザインや実装のレイヤーの中で、ユーザー数の分母の最大化に貢献できるのです。

障害者の概況とアクセシビリティの必要性

アクセシビリティ向上はあらゆる状況を想定してアクセスを提供する活動ですが、その活動によりアクセス可能になるユーザーの典型例に障害者や高齢者が挙げられるのは疑いがありません。もはやこのターゲットに対してアクセスを提供するのは必須だと考えます。

まず、障害者の概況とインターネット利用について見ていきます。「令和6年版　障害者白書」[注19]は、「国民のおよそ9.2％が何らかの障害を有している」としています。

> 身体障害、知的障害、精神障害の3区分について、各区分における障害者数の概数は、身体障害者（身体障害児を含む。以下同じ。）436万人、知的障害者（知的障害児を含む。以下同じ。）109万4千人、精神障害者614万8千人となっている。これを人口千人当たりの人数で見ると、身体障害者は34人、知的障害者は9人、精神障害者は49人となる。複数の障害を併せ持つ者もいるため、単純な合計にはならないものの、国民のおよそ9.2％が何らかの障害を有していることになる。

「令和4年 生活のしづらさなどに関する調査（全国在宅障害児・者等実態

注19 https://www8.cao.go.jp/shougai/whitepaper/r06hakusho/zenbun/index-pdf.html

調査)」[注20]によれば、日本での障害者手帳所持者は約610万人、うち身体障害者は約416万人、モバイルアプリのアクセシビリティの影響を受けやすい視覚障害・聴覚障害・肢体不自由に限っても約223万人います。

そして総務省による「障がいのある方々のインターネット等の利用に関する調査研究」[注21]によれば、視覚障害者の91.7%、聴覚障害者の93.4%、肢体不自由者の82.7%がインターネットを利用しています。障害者にとって、インターネットは必需品といえます。

しかし、障害者にとってWebサイトはアクセシブルとはいえません。前述の「障がいのある方々のインターネット等の利用に関する調査研究」[注22]では、「インターネット利用に際して困ること」という質問(複数回答)に対し、視覚障害では「障がいに配慮したホームページが少ない」が44.7%、「画面がごちゃごちゃして見にくい」が35.7%、「欲しい情報がない、または見つけるのが難しい」が34.3%となっています(**図1-3-1**)。

加えて、日経BPコンサルティングによる「障害者のインターネット利用実態調査」[注23]では以下のとおりです(**図1-3-2**)。

> パソコン利用時にWeb上にバリアがあることで、欲しかった情報が見られなかったり、手続きが最後までできなかった経験は、「たまにある」が最も高く46.4%となり、「よくある」(29.3%)を足すと、75.7%となった。特に全盲者において顕著で「よくある」(36.1%)と「たまにある」(55.6%)の合計は9割を超えた。

高齢者の概況とアクセシビリティの必要性

高齢者の概況とインターネット利用についても見ていきます。「統計から

注20 https://www.mhlw.go.jp/toukei/list/dl/seikatsu_chousa_b_r04_01.pdf

注21 https://www.soumu.go.jp/iicp/chousakenkyu/data/research/survey/telecom/2012/disabilities2012.pdf

注22 本調査結果はスマートフォン利用およびモバイルアプリ利用に特化したものではありませんが、スマートフォンが広く普及していること、その使い方においてインターネットへの接続およびWebサイトの閲覧を前提としている点において、本調査結果も参考にできると判断し、紹介しています。

注23 https://consult.nikkeibp.co.jp/info/news/2014/1203sa/　本調査結果はスマートフォン利用およびモバイルアプリ利用に特化したものではありませんが、スマートフォンが広く普及していること、その使い方においてインターネットへの接続およびWebサイトの閲覧を前提としている点において、本調査結果も参考にできると判断し、紹介しています。

みた我が国の高齢者－「敬老の日」にちなんで－」注24によれば、2023年時点での日本の65歳以上人口は3,623万人に達し、総人口に占める割合は29.1%となっています。この割合は今後も上昇を続け、2040年には34.8%にな

注24　https://www.stat.go.jp/data/topics/topi1380.html

図1-3-1　インターネット利用に際して困ること

出典：障がいのある方々のインターネット等の利用に関する調査研究　https://www.soumu.go.jp/iicp/chousakenkyu/data/research/survey/telecom/2012/disabilities2012.pdf

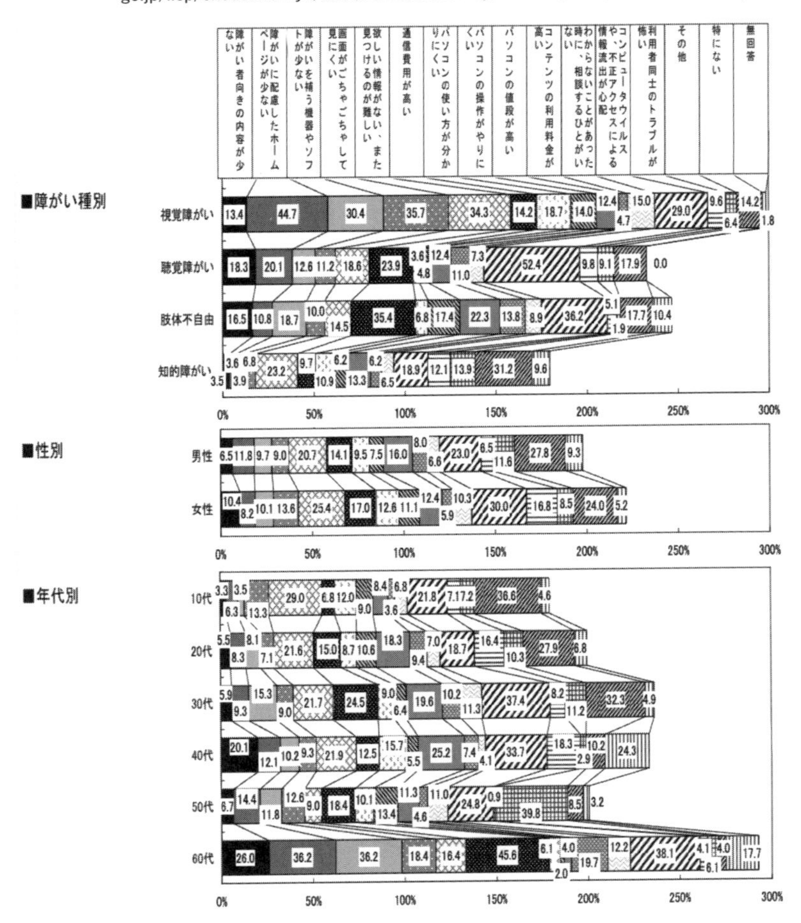

図1-3-2　パソコン利用時のWeb上のバリア

出典：障害者のインターネット利用実態調査
https://consult.nikkeibp.co.jp/info/news/2014/1203sa/

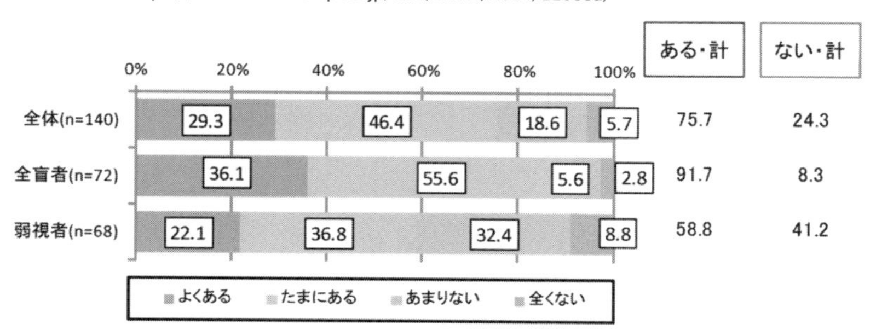

ると見込まれています。

そして「令和5年 通信利用動向調査」注25によれば、スマートフォン所有率は60代で86%、70代で64.4%、80歳以上で28.5%となっています。従来型のケータイが終売していく流れを考えると、今後さらに割合は増加していくでしょう。

さらに、同調査によれば、インターネット利用率は60代で90.2%、70代で67%、80歳以上で36.4%となります。高齢者もインターネットを日常的に利用していることがわかります。そして、この利用率は年が進むごとに上昇を続けています。プライベートや業務でのインターネット利用経験がある人たちが年を重ねて高齢者になっていくからです。

一方で、高齢者にとってWebサイトはまだ使いやすくない存在です。「Webユーザーとしての高齢者」注26という記事では、Webサイトの定量的ユーザビリティテストにおいて、21〜55歳のユーザーのタスク成功率が74.5%だったのに対し、65歳以上の高齢者の成功率は55.3%だったと報告しています。

モバイルアプリは、障害者にとって必需品であり、高齢者にとっても重要な存在です。しかし、そうしたユーザーがうまくアクセスできない状況が日常になってしまっています。逆にいえば、アクセスできるようにさえすれば、ユーザーの取りこぼしを防げるということでもあります。

注25　https://www.soumu.go.jp/johotsusintokei/statistics/statistics05.html

注26　https://u-site.jp/alertbox/usability-seniors-improvements　本調査結果はスマートフォン利用およびモバイルアプリ利用に特化したものではありませんが、スマートフォンが広く普及していること、その使い方においてインターネットへの接続およびWebサイトの閲覧を前提としている点において、本調査結果も参考にできると判断し、紹介しています。

アクセスできると口コミが広がり、市場が生まれる

普段からアクセスできないのが日常の人たちからすれば、問題なくアクセスできることや、アクセシビリティに目を向けて改善していること自体が、そのサービスを知人に勧めたいという気持ちにつながります。

現時点のモバイルアプリを通じたサービスにおいては、アクセシビリティを欠いているもののほうが多数派です。アクセシビリティを必要とする人は、そうしたものをなんとか使おうと悪戦苦闘したうえに諦めるという状況が日常にあります。そうした状況においては、利用しようとするサービスがアクセシビリティに取り組み、アクセス可能にしていること自体が大きな意味を持ちます。アクセシビリティを必要とする人からすれば、それはサービス側からの「あなたをユーザーと認識し、関係性を築くつもりがある」という宣言ととらえられるからです。

こうした活動は、実際にユーザーを呼び込みます。特に障害者は、その障害ごとのコミュニティに属し、日々情報交換をしている場合があります。前述のとおり「使えない」のが当たり前な中で、その不自由をどう解決するかを話し合っているのです。そうした状況において、アクセシブルなサービスがあるのであれば、それを当然推奨します。こうした口コミによるユーザー増加は、note[注27]というメディアサービスで実際に起きています。

こうした意見に対して「我々のサービスにおいて障害者や高齢者はターゲットではない」「今はあまり使われていないようなのでニーズはない」とよく言われます。しかしそれは順序が逆です。使えるようになっていないから使う人が出現しないのです。モバイルアプリがアクセシブルであれば、これまで存在しなかった市場を作り出せます。

製品やサービスの使い方はさまざまです。意外に思うかもしれませんが、視覚障害者はカメラを使います。撮ったものを誰かに見てもらったり、見えにくいものをカメラのズームを通して確認したりします。視力が衰える前に写真が趣味だったという人は、ロービジョンになっても工夫してカメラを使っています。こうした利用ケースをもとに、ロービジョンのユーザ

注27 noteがアクセシビリティに注力する理由。 視覚障害者向けイベント「サイトワールド」登壇レポ
https://note.com/sendamasato/n/ncced792117e7

ーのためのレーザ網膜投影カメラ注28も開発されています。

本人が直接のユーザーではないとしても、誰かに頼まれて代わりに調べ物や買い物をすることは十分に考えられます。こうしたときに「ターゲットではない」としてアクセシビリティを無視することは、ユーザーというものをかなり限定的にとらえています。

ユーザビリティを高められる

1.1節の「ユーザビリティとの対比」の項で示したとおり、アクセシビリティは「使える」の幅広さを拡大する取り組みです。その取り組みは、実は特段の障害がない状態におけるユーザビリティも押し上げます。

アクセシビリティに取り組むときの土台となるWeb Content Accessibility Guidelines（WCAG）という国際標準のガイドラインがあります（WCAGについては1.4節「モバイルアプリのアクセシビリティガイドライン」で後述します）。このWCAGでは、障害によって理解や操作に大きな時間や手間がかかる状況においても利用可能にするために、適切な情報設計やビジュアルデザインを行うことを求めています。これは、理解や操作においてさほど時間や手間がかからない場合でも、スムーズに目的を達成できることにつながります。

また、WCAGではスクリーンリーダーなどの支援技術に伝えるために「テキストのみで伝わる構造」にすることを求めています。こうした構造をライティングやUI設計の段階で考えることも、ユーザビリティを押し上げます。視覚に頼らずとも情報が得られるテキストがあれば、視覚的にブラウジングする人にとっても確実な手がかりが増えてわかりやすくなるからです。

WCAGで挙げられている項目のうち、多くのユーザーにとってのユーザビリティを向上させるものは、ほかにも多数あります。

- **リフローできる**
- **ズームできる**
- **画面を横にしても使える**
- **コントラストが高く、見分けやすい**

注28 https://www.sony.jp/cyber-shot/rnv/DSC-HX99-RNV-kit/

- **入力エラーでも修正方法がわかり、決定の前には事前確認が入るか取り消しができる**
- **ジェスチャが難しかったり、小さなものをタップしにくかったりしても安定して操作できる**

WCAGは、幅広い状況で使えるようにするためのベストプラクティス集です。それは、すべてのユーザーのユーザビリティを底上げするプラクティス集でもあるのです。このことはWCAGにも明記されています。

> このガイドラインは、加齢により能力が変化している高齢者にとってもウェブコンテンツをより使いやすくするものであるとともに、しばしば利用者全般のユーザビリティを向上させる。

権利を守り、法を遵守できる

コロナ禍を経て、テレワークが推進され、オンライン手続きへの移行が加速しています。WebサイトやWebアプリケーション、モバイルアプリを通じて情報にアクセスできることはますます重要になっています。日本では障害者差別解消法の施行と改正を経て、公的機関だけでなく民間事業者でも合理的配慮が法定義務になりました。アメリカではすでに根拠法をもとに訴訟が多数起きています。もはや情報アクセシビリティは共生社会の実現において必要不可欠なのです。

障害者差別解消法の概要

日本で民間事業者におけるモバイルアプリアクセシビリティ改善の具体的根拠となる法律は、本書執筆時点では障害者差別解消法[注29]だと考えます。ここでは法律の概要と、Webアクセシビリティとの関係、モバイルアプリアクセシビリティとの関係について記載します。

法律は2016年4月に施行されました。「全ての国民が、障害の有無によって分け隔てられることなく、相互に人格と個性を尊重し合いながら共生する社会の実現に向け、障害を理由とする差別の解消を推進すること」を目

注29 https://www8.cao.go.jp/shougai/suishin/sabekai.html

的としたものです注30。

この法律は主に2つのことを求めています。内閣府による「障害者差別解消法ポスター」注31から引用します。

> 不当な差別的取扱いの禁止
> 国・都道府県・市町村などの役所や、会社やお店などの事業者が、障害のある人に対して、正当な理由なく、障害を理由として差別することを禁止
>
> 合理的配慮の提供
> 国・都道府県・市町村などの役所や、会社やお店などの事業者に対して、障害のある人から、社会の中にあるバリアを取り除くために何らかの対応を必要としているとの意思が伝えられたときに、負担が重すぎない範囲で対応すること

不当な差別的取り扱いについては、障害者差別解消法リーフレット注32で以下のように記載されています。これは公共機関と民間事業者のどちらにおいても禁止されています。

> 障害のある人に対して、正当な理由なく、障害を理由として、サービスの提供を拒否することや、サービスの提供にあたって場所や時間帯などを制限すること、障害のない人にはつけない条件をつけることなどが禁止されます。

また、具体例としては以下が挙げられています。

> ・受付の対応を拒否する
> ・本人を無視して介助者や支援者、付き添いの人だけに話しかける
> ・学校の受験や、入学を拒否する
> ・障害者向け物件はないと言って対応しない
> ・保護者や介助者が一緒にいないとお店に入れない

注30 概説なので正確には条文を参照ください。
https://elaws.e-gov.go.jp/document?lawid=425AC0000000065

注31 https://www8.cao.go.jp/shougai/suishin/sabekai_poster.html

注32 https://www8.cao.go.jp/shougai/suishin/sabekai_leaflet.html

合理的配慮の具体例についても、障害者差別解消法リーフレットの記載が参考になります。

- **障害のある人の障害特性に応じて、座席を決める**
- **障害のある人から、「自分で書き込むのが難しいので代わりに書いてほしい」と伝えられたとき、代わりに書くことに問題がない書類の場合は、その人の意思を十分に確認しながら代わりに書く**
- **意思を伝え合うために絵や写真のカードやタブレット端末などを使う**
- **段差がある場合に、スロープなどを使って補助する**

関連する概念として「環境の整備」があります。「障害者の差別解消に向けた理解促進ポータルサイト」の「環境の整備」[注33]では以下のとおりです（**図1-3-3**）。

注33 https://shougaisha-sabetukaishou.go.jp/kankyonoseibi/

図1-3-3 「障害者の差別解消に向けた理解促進ポータルサイト」の「環境の整備」の図解

「合理的配慮を的確に行うための環境の整備（事業者、行政機関等による事前的改善措置）」が土台となったうえで、Aさんへの合理的配慮、Bさんへの合理的配慮、Cさんへの合理的配慮、Dさんへの合理的配慮といった「個々の場面での合理的配慮（過重な負担のない範囲で必要かつ合理的な配慮）」があるという関係性を示す

出典：障害者の差別解消に向けた理解促進ポータルサイト「環境の整備」 https://shougaisha-sabetukaishou.go.jp/kankyonoseibi/

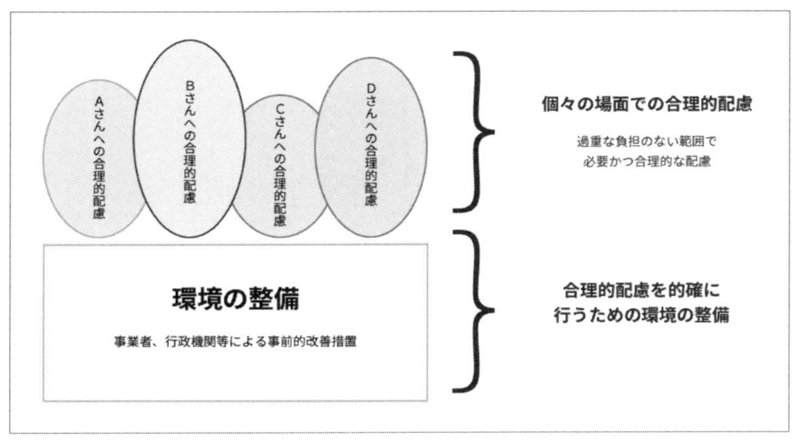

「環境の整備」とは、企業や店舗などの事業者や行政機関等に対して、個別の場面において、個々の障害者に対する合理的配慮が的確に行えるよう、不特定多数の障害者を主な対象として行う事前の改善措置のことです。

同サイトで紹介されている環境の整備の具体例(「合理的配慮を必要とする障害者が多数又は複数回利用すること等が見込まれるケース」)としては以下のようなものがあります。

- 講演会などで、大きな音に敏感な発達障害のある参加者がいる
  →椅子の引きずる音を減少させるため、すべての机と椅子の脚に防音加工を施した
- 受付方法が、モニターを見ながら自分で入力するしくみになっている
  →視覚障害のある方も利用できるように、新たにハンドセット（受話器）付きの受付機器を導入した
- 聴覚障害のある方と現在は筆談でやりとりしているが、より簡単に意思疎通したい
  →今後、ほかの聴覚障害のある方々とも簡単にやりとりができるよう、タブレットを導入し、店員が話した内容が文章に自動変換されるアプリケーションをインストールした
- 飲食店のカウンター席が固定椅子であるため、車イスのままでは着席できない
  →車イスのままでも着席できるよう、カウンター席の一部を改装し、入口に近い位置にある席の一部を可動椅子に変更した

合理的配慮・環境の整備・Webアクセシビリティ❶――公共機関の場合

こうした「合理的配慮」や、そのための「環境の整備」は、Webアクセシビリティの分野でも同様に求められます。そしてモバイルアプリにおいても同様に求められると筆者は考えます。まず公共機関のケースから見ていきます。

障害者差別解消法は2016年4月の施行時点で、公的機関における合理的配慮の提供は「しなければならない」とする法定義務であり、環境の整備は「するように努めなければならない」とする努力義務となっています。

そのため、すでに公的機関では「みんなの公共サイト運用ガイドライン」[注34]をもとに、Webアクセシビリティの改善が進んでいます。ガイドラインは

注34 https://www.soumu.go.jp/main_sosiki/joho_tsusin/b_free/guideline.html

「合理的配慮の提供」および「環境の整備」について、障害を理由とする差別の解消の推進に関する基本方針[注35]に照らし、Webアクセシビリティも明確に範囲内であると記載しています。

> (1) 環境の整備
> ウェブアクセシビリティを含む情報アクセシビリティは、合理的配慮を的確に行うための環境の整備として位置づけられており、各団体においては、事前的改善措置として計画的に推進することが求められます。
> (中略)
> (2) 合理的配慮の提供
> 障害者等から、各団体のホームページ等のウェブアクセシビリティに関して改善の要望があった場合には、障害者差別解消法に基づき対応を行う必要があります。

総務省の「公的機関向けウェブアクセシビリティ対応講習会」の資料「公的機関に求められるウェブアクセシビリティ対応」[注36]は、端的な例を示しています。

> ホームページ掲載情報が音声読み上げソフトで読み上げることができないと問合せがあった場合、問合せ者に音声読み上げソフトで読み上げることが可能なテキストファイル等を提供することが「合理的配慮の提供」、音声読み上げソフトで読み上げ可能になるようにホームページを修正することが「環境の整備」

合理的配慮・環境の整備・Webアクセシビリティ❷――民間事業者の場合

障害者差別解消法は2024年4月から改正法が施行され、民間事業者においても合理的配慮の提供が「するように努めなければならない」という努力義務から、「しなければならない」という法定義務へと改められました。先に挙げた基本方針も新しいものに改められ[注37]、「合理的配慮の提供と環境の整備の関係に係る一例」として以下の記載が盛り込まれています。これも例

注35 https://www8.cao.go.jp/shougai/suishin/sabekai/kihonhoushin/r05/pdf/honbun.pdf
注36 https://www.soumu.go.jp/main_content/000674055.pdf
注37 https://www8.cao.go.jp/shougai/suishin/sabekai/kihonhoushin/r05/pdf/honbun.pdf

としてわかりやすいものでしょう。

> オンラインでの申込手続が必要な場合に、手続を行うためのウェブサイトが障害者にとって利用しづらいものとなっていることから、手続に際しての支援を求める申出があった場合に、求めに応じて電話や電子メールでの対応を行う(合理的配慮の提供)とともに、以後、障害者がオンライン申込みの際に不便を感じることのないよう、ウェブサイトの改良を行う(環境の整備)。

民間事業者に対しても、今後はこの法律をもとにしたWebアクセシビリティに関する合理的配慮の求めが増えてくる可能性が大いにあります。一方、環境の整備については、本書執筆時点では法律上は「するように努めなければならない」の努力義務のままです。しかし、法定義務でないなら取り組まなくてよいという話ではありません。

前述の例にあるように、そもそも「環境の整備」ができていれば、不便を感じずにサービスが利用できるため、ユーザーもわざわざ事業者側に問い合わせる必要がなくなります。仮に問い合わせや調整が必要になったとしても、環境の整備の土台があったうえで調整を検討するほうがスムーズに進む可能性が高く、そちらのほうが事業者にも利用者にも望ましい結果となるでしょう。

そういった状況に至るためのアクセシビリティ向上は、一朝一夕では進まず、地道に取り組み続ける必要があります。この法改正をきっかけに、現時点から環境の整備としてのアクセシビリティ向上に取り組み始めることが、権利を守り、法を遵守できる体制を作ることの第一歩となるはずです。

モバイルアプリも「情報アクセシビリティ」に含まれ、「環境の整備」の対象である

ここまで述べてきたとおり、Webアクセシビリティ向上が「環境の整備」であることに疑いはありません。そして、筆者はモバイルアプリも当然に「環境の整備」の対象に含まれると考えています。

先に挙げた「障害を理由とする差別の解消の推進に関する基本方針」においては、アクセシビリティについて「障害者による円滑な情報の取得・利用・発信のための情報アクセシビリティの向上等」と抽象的に記載されています。筆者としては、あくまでその例として「オンラインでの申込手続が必要な場

合に、手続を行うためのウェブサイト」というものが挙げられているのであって、実現手段がWebサイトに限定されるわけではないと考えます。たとえばこの部分が仮に「オンラインでの申込手続が必要な場合に、手続を行うための**モバイルアプリ**」であったとしても、まったく同様に環境の整備としての対応が必要だという結論になるでしょう。ユーザーにとっては、そのサービスの提供手段が、ブラウザで閲覧するWebサイトであるか、スマートフォンにインストールするモバイルアプリであるかは関係がないからです。

総務省が募集と選定を行った「情報アクセシビリティ好事例2023」注38においても、モバイルアプリが多数選定されています。スマートフォンの普及率から見ても、ユーザーが情報にアクセスするための経路として、モバイルアプリはむしろメインストリームであるとさえいえます。そのモバイルアプリが情報アクセシビリティの担い手になっており、環境の整備の対象となることも、また疑いようのない事実でしょう。

アメリカではすでに訴訟リスクに

モバイルアプリを通じたサービスは世界中どこからでもアクセスできるため、それをグローバル展開しようという試みも盛んです。このとき、アクセシビリティは避けて通れない課題になります。特にアメリカではデジタルアクセシビリティ関連の訴訟件数が年ごとに大幅に増えています。

諸外国では、政府や公共機関のモバイルアプリをアクセシブルにすることを法律で義務付けていたり、ポリシーを定めていたりする地域が多数あります。アメリカ、カナダ、イギリス、ドイツ、フランス、イタリア、オーストラリア、香港、インド、韓国、EUなどが挙げられます。加えて、公的機関における民間からの調達において義務付けているケースや、民間事業者にも義務付けているケース、さらに明確な罰則規定が存在するケースもあります注39。

各地域において定められている「満たすべき基準」には、国際標準のガイドラインであるWCAGが用いられている場合が多いです（WCAGについては1.4節「モバイルアプリのアクセシビリティガイドライン」で後述します）。もっと

注38 https://www.soumu.go.jp/menu_news/s-news/01ryutsu05_02000162.html

注39 網羅的なリストは「Web Accessibility Laws & Policies」をご覧ください。https://www.w3.org/WAI/policies/

も、その使われ方にはバリエーションがあります。WCAGそのものを明確に基準としているものもあれば、WCAGをその地域独自に再編したものを用いているものもあります。WCAGについて言及はなくとも、判例として参照しているケースもあります。参照するWCAGのバージョンについても、法律の制定時期によって差があります。ともあれ、WCAGに対応することがグローバル展開における法要件クリアにつながることは間違いありません。

対応できていなければ訴訟リスクに直結します。アメリカでは1日10件以上の訴訟が起きています。2019年に歌手のビヨンセの公式サイトが全盲のファンに訴えられたことは大きなニュースになりました。同年にはドミノピザのECサイトがアクセシブルでなかった点についてもユーザーから訴訟があり、連邦最高裁でユーザー側が勝訴しました。

ほかにもAmazon、Apple、Netflix、Nike、ディズニー、マクドナルド、バーガーキングといった著名な企業のWebサービスが訴えられています。こうした流れを受け、2018年時点でも約2,300件あった訴訟件数は、そこから毎年500〜600件ほど増加し、アメリカの2023年末におけるデジタルアクセシビリティの訴訟は4,605件となっています[注40]。

なお、UsableNetの同調査資料によれば、この訴訟件数のうちデスクトップ向けWebサイトが97%であり、モバイルアプリに関するものは1%以下であると記載されています。しかし、これは「現在はそうである」というだけで、「将来にわたってモバイルアプリのアクセシビリティの訴訟は増えない」というわけではありません。アメリカでは「リハビリテーション法508条」[注41]および「障害のあるアメリカ人法(ADA) Title II」[注42]でモバイルアプリもアクセシブルにすべき対象に含まれることが明示されています。前述のとおり、「ユーザーにとっては、そのサービスの提供手段が、ブラウザで閲覧するWebサイトであるか、スマートフォンにインストールするモバイルアプリであるかは関係がない」ので、アクセシビリティの必要性がWebサイトとモバイルアプリで大きく異なるとは考えにくいです。今後訴訟が増える可能性は十分にあり得るため、やはりリスクとしても認識しておくべきでしょう。

注40 UsableNetの調査によります。https://info.usablenet.com/2023-year-end-digital-accessibility-lawsuit-report-download-page

注41 https://www.section508.gov/develop/applicability-conformance/

注42 https://www.ada.gov/resources/2024-03-08-web-rule/

1.4 モバイルアプリのアクセシビリティガイドライン

アクセシブルなモバイルアプリを作るには、アクセシブルにデザインすることと、OSが備えるアクセシビリティ機能を活用できるように実装することが必要です。アクセシビリティガイドラインに目を通すことで、何を実施すればアクセシブルになるのかを理解するための手がかりが得られます。

WCAGと各種ガイドラインの関係性

モバイルアプリのアクセシビリティを考えるためのガイドラインには、以下のものがあります。

- Web Content Accessibility Guidelines(WCAG)
- iOS・Androidのデザインガイドライン・開発者向けガイドライン
- 企業が公開している独自ガイドライン

Webアクセシビリティに取り組むときによく参照されるのが、Web Content Accessibility Guidelinesです(WCAGと略し、ダブリューシーエージーと読むほか、ウィーキャグと発音したりもします)。Web標準を策定する国際的なコミュニティであるW3Cが発行しています。本書執筆時点での最新バージョンはWCAG 2.2[注43]です(日本語訳[注44]もあります)。

このWCAGは、モバイルアプリにも適用可能なガイドラインと見なしてよいと筆者は考えます。

WCAGが対象としているのは、「Web技術を使ったコンテンツすべて」です。WebサイトやWebアプリケーションは当然として、ほかにもネイティブアプリケーション上で表示しているWebページや、HTML製のヘルプ、キオスク端末のインタフェース、電子書籍フォーマットのEPUB、PDFなどもすべて対象になります。多様な環境を想定したガイドラインであるた

注43 https://www.w3.org/TR/WCAG22/
注44 https://waic.jp/translations/WCAG22/

め、特定の技術に依存しないように書かれています。

特定の技術に依存しない内容であるため、モバイルアプリに対しても大半の内容が適用できます。WCAG本体では直接明言していませんが、「Mobile Accessibility at W3C」注45では、モバイルデバイスを通じて利用するWebページやWebアプリケーション、ネイティブアプリケーション、ハイブリッドアプリケーション（ネイティブアプリケーション内でWebコンポーネントを使用するもの）のアクセシビリティにもWCAGが対応していることを述べています。

iOS・Androidのデザインガイドラインや開発者向けガイドラインのアクセシビリティのパートは、このWCAGの基準を参考にしていると筆者は考えています。これらのガイドラインは、WCAGが求めていることと類似した内容を、各OSプラットフォーム上で実現する方法について書いています。ただし、WCAGの実装方法集には、iOS・Androidでのアクセシブルなデザインの実現方法や、具体的な実装方法は記載されていないため、この点でOSごとのガイドラインを参照する必要があるでしょう。

これらを読みやすくまとめたものが、企業の独自ガイドラインだといえます。モバイルアプリをアクセシブルにするという目的に絞ったときに、「どういう状態を目指すべきか」「iOSとAndroidにおいてどのような実装を行うべきか」という点に的を絞ってまとめたものであり、日々活用するうえでの参照のしやすさを重視しています。

なお、本書も上記の「企業の独自ガイドライン」に相当します。本書の内容はWCAGの達成基準のうち22項目と対応しており、基礎的な「WCAGベースのモバイルアプリ用ガイドライン」として活用できます。対応関係の詳細については「付録a　WCAG 2.2の達成基準と本書の内容」をご覧ください。

技術に依存しないがゆえのWCAGの読みにくさ

WCAGは特定の技術に依存しないように書かれているため、WebサイトやWebアプリケーションだけでなく、モバイルアプリにも適用できるという特徴があります。しかし、特定の技術に依存しないことがわかりにくさ

注45　https://www.w3.org/WAI/standards-guidelines/mobile/

を生じさせていることも事実です。その点を確認しておきましょう。

WCAG 2.2は、4つの原則、その原則を分解した個別のガイドライン、それに対して取り組むべきことを示した達成基準、という構成になっています。

このうち、原則は比較的わかりやすく書かれています。まず4つの原則があります。

❶知覚可能
情報及びユーザインタフェースコンポーネントは、利用者が知覚できる方法で利用者に提示可能でなければならない

❷操作可能
ユーザインタフェースコンポーネント及びナビゲーションは操作可能でなければならない

❸理解可能
情報及びユーザインタフェースの操作は理解可能でなければならない

❹堅牢
コンテンツは、支援技術を含むさまざまなユーザエージェントが確実に解釈できるように十分に堅牢(*robust*)でなければならない

多様な状況を前提に、デバイスや環境によらず以下を満たすことを求めています。

- **まず「そこに情報やUIがある」と知覚できること**
- **そのUIやナビゲーションが操作できること**
- **画面上の情報や、UIの操作に関する情報が理解できること**
- **標準仕様にのっとって実装することで、互換性を最大化すること**

これはたいへん明快であり、今後アクセシビリティに取り組んでいくときに都度立ち返る原則になるはずです。

しかし、原則から個別のガイドラインに移ると、よくわからない言葉が出てきます。たとえば「知覚可能」の原則に紐付(ひもづ)く、1つ目のガイドラインはこれです。

ガイドライン1.1　テキストによる代替
すべての非テキストコンテンツには、拡大印刷、点字、音声、シンボル、平易な言葉などの利用者が必要とする形式に変換できるように、テキストによる代替を提供すること。

この「非テキストコンテンツ」とは何なのでしょうか。定義を見てみます。

> プログラムによる解釈が可能な文字の並びではないコンテンツ、又は文字の並びが自然言語においても何をも表現していないコンテンツ。
> 注記：これには、（文字による図画である）ASCIIアート、顔文字、（文字を置き換える）リートスピーク、文字を表現している画像が含まれる。

この定義を見ても、非テキストコンテンツが「テキストではないコンテンツである」こと、そこにASCIIアートや顔文字などが含まれることはわかりますが、具体的に何を指すのかはまだわかりません。

そして、このガイドラインの達成基準の解説である達成基準1.1.1「非テキストコンテンツを理解する」[注46]を読むと、ようやく正体が見えてきます。

> テキストによる代替を提供することにより、情報を様々なユーザエージェントによって様々な方法でレンダリングすることを可能にする。例えば、写真を見ることのできない利用者は、合成音声を用いてテキストによる代替を読み上げさせることができる。また、音声ファイルを聞くことができない利用者は、テキストによる代替を表示させることで、読むことができるようになる。

つまり、非テキストコンテンツの典型例は画像や音声であり、それに対して代替テキストやキャプションなどを提供することを求めているのだとわかります。

ガイドラインや達成基準がこういった書きぶりになっているのは「現在の技術に依存しない」というポリシーがあるからです。現在のWebではHTML、CSS、JavaScriptが主な技術として使われていますが、違うものになったとしてもアクセシビリティが担保できるように、書きぶりが抽象的になっています。

このため、WCAGを読む場合は、本体に加えて解説書と達成方法集も合わせて参照する必要があります。そこまで掘って読めば意図が理解できま

注46 https://www.w3.org/WAI/WCAG21/Understanding/non-text-content.html 日本語訳：https://waic.jp/docs/WCAG21/Understanding/non-text-content.html

すが、ボリュームがあり、書きぶりも難しいため、理解には時間がかかります。また、WCAGは技術非依存といってもWebを前提にしたものであるため、モバイルアプリにおける具体的な実装方法については達成方法集に記載されていません。

こうした文書であるため、実務で多くの人が利用するためには工夫が必要です。取り組みを始める際は、あとに挙げるような、企業が独自に用意したガイドラインやチェックリストを参照するのもひとつの手です。

このほか、WCAGの概略を知るための文書としては、デジタル庁が公開している「ウェブアクセシビリティ導入ガイドブック」[注47]も挙げられます。「ゼロから学ぶ初心者向けのガイドブック」と銘打っており、Webアクセシビリティを知るための最初に読む文書として、多くの人が手に取っています。

WCAGの3つの適合レベルとその内容

WCAGにはレベルA、AA、AAAの3つの適合レベルがあります。ここでは筆者の解釈に基づき、各レベルに含まれる達成基準の概要を紹介します。

レベルAとマシンリーダビリティ

レベルAは最低ラインであり、この基準を満たすと、ユーザーがOSの設定や支援技術を駆使すればモバイルアプリにアクセス可能になるものが多くを占めています。逆にいえば、レベルAの基準を満たしていなければOSの設定や支援技術を用いてもまったくアクセスできなくなる場合があるということです。主に以下のような点を求めています。

- **視覚に頼らずとも情報が得られるテキストを用意する**
- **そのテキストを意味に沿った順番に並べ、要素の名前や役割や値が支援技術から読み取れるよう実装する**
- **どこが入力エラーになっているかをテキストで伝える**
- **すべてのインタラクティブ要素をキーボードで操作可能にする**

これらの項目はおおむね「マシンリーダビリティ」、つまり機械可読性と

注47 https://www.digital.go.jp/resources/introduction-to-web-accessibility-guidebook

いう概念に紐付いています。

1.2節「さまざまな状況で使えるモバイルアプリ」で述べたように、モバイルアプリには「情報そのものと表現を分離したうえで、表現にあたる部分はユーザー側で変更できる」という特長があります。多種多様な状況で利用可能になるのは、マシンリーダビリティが担保されていることにより、OSの設定や支援技術を通して情報の伝え方を変換できるからです。

この特長によって、たとえば視覚的な情報をまったく得られなかったり、タッチスクリーンを利用できない場合でもモバイルアプリを利用できます。スクリーンリーダーを利用すれば、情報構造部分に直接アクセスして音声として読み上げることで情報取得や操作が可能になります。

非干渉――ほかの部分が見れなくなるような表現を避ける

レベルAの中には、4つの「非干渉」に関する達成基準があります。問題箇所があると、その画面のほかの部分を見ることができなくなってしまう(干渉してしまう)ので必ず達成すべきとされているものです。

- **達成基準 1.4.2「音声の制御」**
  スクリーンリーダーで操作不能にならないよう、音声の自動再生に対し回避や制御を求める基準
- **達成基準 2.1.2「キーボードトラップなし」**
  キーボードで操作不能にならないよう、フォーカスの閉じ込めの回避を求める基準
- **達成基準 2.2.2「一時停止、停止、非表示」**
  注意欠陥障害の場合に閲覧不能にならないよう、自動で動くUIに対し回避や制御を求める基準
- **達成基準 2.3.1「3回の閃光、又は閾値以下」**
  てんかんなどの発作を防ぐため、点滅や閃光の回避または基準値以下に留めることを求める基準

レベルAAとヒューマンリーダビリティ

レベルAAは、この基準を満たすと、ユーザーが支援技術なしでもモバイルアプリにアクセスできるようになるものが多くを占めています。主に以下のような点を求めています。

- **複数のナビゲーション手段で情報に到達できる。ナビゲーションや識別性を一**

貫させる

- **内容に対して適切な見出しを提供する。入力欄に対して適切なラベルを提供する**
- **入力エラーの修正方法を伝える。重要な送信は事前確認するか取消できる**
- **表示領域が狭くてもはみ出さず表示する（リフロー）。ズームを妨げない。縦向き・横向きのどちらでも表示可能にする**
- **テキストのコントラスト比や、アイコン・図版のコントラスト比を基準値以上にする。文字の画像化を避ける**

これらの項目はおおむね「ヒューマンリーダビリティ」という概念に紐付いています。マシンリーダビリティが機械にとって可読であることに対して、ヒューマンリーダビリティは人間にとって可読であることを指します。具体的には、アプリケーション利用上の文脈を読み取り可能にすること、アプリケーションからの操作上の指示を読み取り可能にすること、アプリケーションを視覚的に利用する場合の妨げがないことを指しています。

ユーザーにとっての理解しやすさの担保は、情報設計やデザインのプロセスとして実施している場合も多いでしょう。アクセシビリティにおいては、その「理解しやすくなるように検討した情報」を、適切に読み取れる状態として表すことを求めています。支援技術を必要とする状況では、理解に時間がかかったり、操作に時間がかかったりするケースも多くあります。そうしたときに試行回数が少なく情報にたどり着ければ、ユーザーは目的を達成できる確率が上がります。逆にいえば、情報が適切に読み取れなければ、理解に至るまえにユーザーはあきらめて利用中のサービスから離脱してしまう可能性が高まるのです。

これは前述のマシンリーダビリティの観点にもつながります。ナビゲーションやテキストを機械が読み取れるように提供しても、そのもとのナビゲーションやテキストが、人間にとって文脈や操作指示を読み取れないものだと意味がありません。また、デザインが明確でない場合、実装において適切な名前・役割・値を設定することも難しくなります。適切な構造とテキストでデザインすることが、マシンリーダビリティによる可能性を広げる前提になります。

アプリケーションを視覚的に利用する場合の妨げがないことも、ある程度は実施していることかもしれません。複数の画面サイズに対応したレイアウト設計や、リフローの実現などは、その典型例でしょう。

しかし、視覚的に利用するといっても、提供側が想定するデフォルトの状態だけの利用とは限りません。文字サイズを拡大したり、色を反転したり、スマートフォンを横にして利用したりしているかもしれません。低いコントラスト、文字画像、表示方向の固定などは、表示を調整して利用したいユーザーにとっては大きな妨げになります。視覚的なデザイン伝達を少し拡張することで、より多くの環境でアクセス可能にすることが、ヒューマンリーダビリティ向上の意義です。

なお、日本の公的機関向けの「みんなの公共サイト運用ガイドライン」注48では、JIS X 8341-3:2016の適合レベルAAへの準拠を要求しています注49。また諸外国でWebアクセシビリティに対して法律で対応を義務付けているケースにおいても、WCAG 2.0/2.1のレベルAAを要求することが多いようです。そのため、実務的な意味ではレベルAAに適合することがひとつの目標だといえます(詳細は1.3節「モバイルアプリのアクセシビリティに取り組む理由」をご覧ください)。

レベルAAAは「強化版」

レベルAAAには以下のような、レベルAやAAをより強化し、発展させた基準が並んでいます。

- **レベルAやAAの基準を例外なく達成するように厳格化した基準**
- **操作の妨げになるものに対し、はじめから採用しない、ユーザーが使用を回避できる、ユーザー自身で調整を可能にするといったことを求める基準**
- **読みやすさ、操作しやすさ、わかりやすさの担保を求める基準**

レベルAAAの基準を満たすと、さらにユーザーがモバイルアプリにアクセスしやすくなります。しかし、コンテンツや機能によっては「例外なく達成」が難しかったり、操作の妨げになるものを排除すると機能自体が成立し

注48 https://www.soumu.go.jp/main_sosiki/joho_tsusin/b_free/guideline.html

注49 JIS X 8341-3:2016への対応が求められた場合は、WCAG 2.2の2つ前のバージョンであるWCAG2.0に対応することになります。WCAG 2.0は、国際標準化機構が定めるISO/IEC 40500:2012と規格本文が一致しており、そのISO/IEC 40500:2012と日本産業規格であるJIS X 8341-3:2016も規格本文が一致しています。ただし、WCAG 2.1および2.2には特にスマートフォンによるアクセスや認知障害を念頭に置いた達成基準が追加されているため、適宜WCAG 2.1および2.2も参照したほうがよいでしょう。

なくなったりすることがあります。そのため、通常はレベルAAAへの適合を目標にはしません。

けれど、必ずしも達成が困難な基準ばかりでもありません。たとえばナビゲーションの現在位置を示すことを求める達成基準への対応はそれほど難しくありません。読みやすさ、操作しやすさ、わかりやすさの担保を求める基準は、実現できそうなものがあればぜひトライしてください。

iOS・Androidのガイドライン

モバイルアプリはOSというプラットフォーム上で動作するものであるため、プラットフォームが提供するガイドラインこそが公式のものといえます。また、モバイルアプリを構築するための技術は年々変化していきます。モバイルアプリのアクセシビリティを本格的に考えていくうえでは、これらのリソースを定期的に確認していく必要があるでしょう。

本書執筆時点では、iOSとAndroidのどちらにも、アクセシビリティ関連の目次、デザインガイドライン、開発者ドキュメントといった形でコンテンツが用意されています。

iOSのアクセシビリティガイドライン

Appleの「アクセシブルなアプリの構築」[注50]では、iOSが提供する視覚サポート、身体サポート、聴覚サポート、認知サポートといったアクセシビリティ機能ごとの分類に基づき、デザインガイドラインや開発者ドキュメントの該当箇所へのリンクが用意されています。

Appleのデザインガイドラインであるヒューマンインターフェイスガイドライン(HIG)には「アクセシビリティ」[注51]のカテゴリがあります。

ここではまずベストプラクティスとして以下を挙げています。分類や表現こそ異なるものの、WCAGが求めている内容に通じるものです。

- **アクセシビリティを念頭においた設計をする**
- **シンプルさ**

注50 https://developer.apple.com/jp/accessibility/
注51 https://developer.apple.com/jp/design/human-interface-guidelines/accessibility

- **パーシバビリティ（知覚可能性）**
- **パーソナライズに対応する**
- **アプリケーションやゲームのアクセシビリティを徹底的にテストする**

上記に続き、個別の内容として、操作、VoiceOver、テキスト表示、カラーとエフェクト、モーションについて紹介しています。これらはiOSアプリにおけるアクセシビリティの具体的な実現方法集といえます。

開発者ドキュメントは、Apple Developerサイトの中に「Documentation」-「Accessibility」[注52]としてあります。ここでは、iOSのアクセシビリティ機能を活かすための、具体的なコードレベルでの実装方法について解説しています。また、サンプルコードや、コーディングテスト、Xcodeに付属しているAccessibility Inspector（アクセシビリティチェッカー）の解説など、関連コンテンツも充実しています。

Androidのアクセシビリティガイドライン

Androidの「誰にとっても使いやすいアプリを作成する」[注53]では、以下のような点を解説しています。具体的なコードを交えた解説になっています。

- **アプリケーションのユーザー補助機能を強化する**
  テキストの視認性を高める、大きいシンプルなコントロールを使用する、各UI要素について説明する、といった基本的な対応
- **アプリケーションのユーザー補助機能の改善に関する原則**
  TalkBackやスイッチアクセスに対応するための実装方法、色覚特性、動画クリップや音声録音などのメディアコンテンツへの対応方法
- **アプリケーションのユーザー補助機能をテストする**
  手動テスト、分析ツールを使用したテスト、自動テスト、ユーザーテストについての解説。ユーザー補助検証ツール[注54]の紹介

このほか、「ユーザー補助パスウェイ」[注55]や「Androidのユーザー補助機能

注52 https://developer.apple.com/documentation/accessibility/
注53 https://developer.android.com/guide/topics/ui/accessibility?hl=ja
注54 https://play.google.com/store/apps/details?id=com.google.android.apps.accessibility.auditor&hl=ja
注55 https://developer.android.com/courses/pathways/make-your-android-app-accessible?hl=ja

の使用を開始する」[注56]というチュートリアルも掲載されています。

Googleのデザインガイドラインである Material Designには「Accessible design」[注57]のカテゴリがあります。Overviewには"Use WCAG to meet minimum requirements"という記載があり、WCAGを土台としていることが伺えます。

個別の内容については以下の記載があります。

- **Accessibility basics**
  支援技術の紹介、レイアウトとタイポグラフィ、ライティング、アクセシビリティの実装(標準コントロールの利用の推奨)
- **Patterns**
  色とコントラストの組み合わせや、テキストサイズ変更への対応
- **Design to implementation**
  ランドマークと見出し、フォーカス順序とキーボードナビゲーション、要素の名前と役割

Material DesignはWebとネイティブアプリケーションのどちらも対象としており、アクセシビリティについても多くの部分が共通して書かれています。このことからも、Webアクセシビリティとモバイルアプリアクセシビリティは、本質的に共通しているという点が読み取れます。

企業が公開している独自ガイドライン

WCAGやiOS・Androidのガイドラインは、一次情報として有用です。一方、デザイン時や開発時のリファレンスとして用いるには不向きな部分もあります。先に挙げたとおり、WCAGは読みにくい部分があります。さらにOS側のガイドラインも、構成やカテゴリの粒度がそれぞれに異なっています。このため、情報を見つけ出すのに苦労したり、求めている内容に対して記載が冗長であったりして、実務では扱いにくい部分があります。こうした状況への対処として、企業が社内で活用するための独自ガイドラインを整備し、公開しているものがあります。

BBC(英国放送協会)が公開している「BBC Mobile Accessibility Guidelines」[注58]は、Webとモバイルアプリに共通して適用できるガイドライ

注56 https://developer.android.com/codelabs/starting-android-accessibility?hl=ja#0

注57 https://m3.material.io/foundations/accessible-design/overview

注58 https://www.bbc.co.uk/accessibility/forproducts/guides/mobile/

ンとして整備されています(**図1-4-1**)。原則、音声と映像、デザイン、文章、フォーカス、フォーム、画像、リンク、通知、動的コンテンツ、構造、等価テキストのカテゴリで構成され、その内容ごとにiOS・Android・HTMLでの実装方法、およびテスト方法が記載されています。

フランスの通信会社であるOrangeは「Orange Digital Accessibility」[注59]というガイドラインを公開しています。こちらもWeb・Android・iOSに対応した内容です。プラットフォームごとの入口があり、その中は共通して「デザイン、開発、テスト、評価、ツール」という分類で整理されています。加えて「The va11ydette」[注60]という、WCAG 2.2の達成基準を満たせているかを確認するためのチェックリストも用意されています(**図1-4-2**)。Webだけでなく、iOSやAndroidに対してもWCAG 2.2基準でチェックできるため有用です。

オランダの非営利団体であるAppt Foundationが運営する「Appt」[注61]は、モ

注59 https://a11y-guidelines.orange.com/en/
注60 https://la-va11ydette.orange.com/?lang=en
注61 https://appt.org/en/

図1-4-1 BBC Mobile Accessibility Guidelines

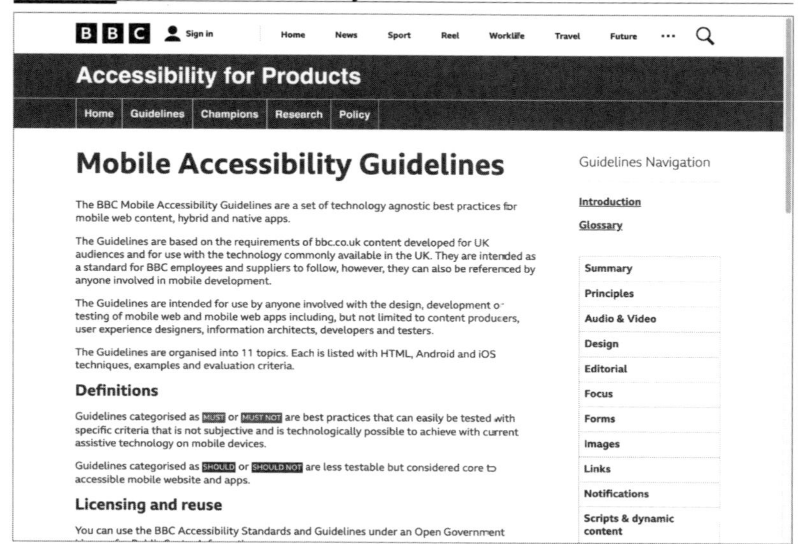

バイルアプリに特化したガイドラインです(**図1-4-3**)。iOSとAndroidのアクセシビリティ機能の使い方や、対応するためのコード例を詳しく紹介し

図1-4-2　Orange The va11ydette

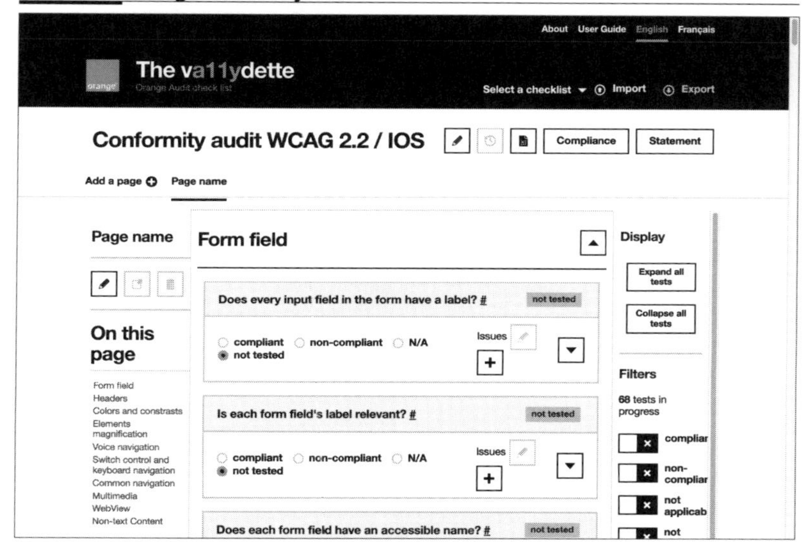

図1-4-3　Appt

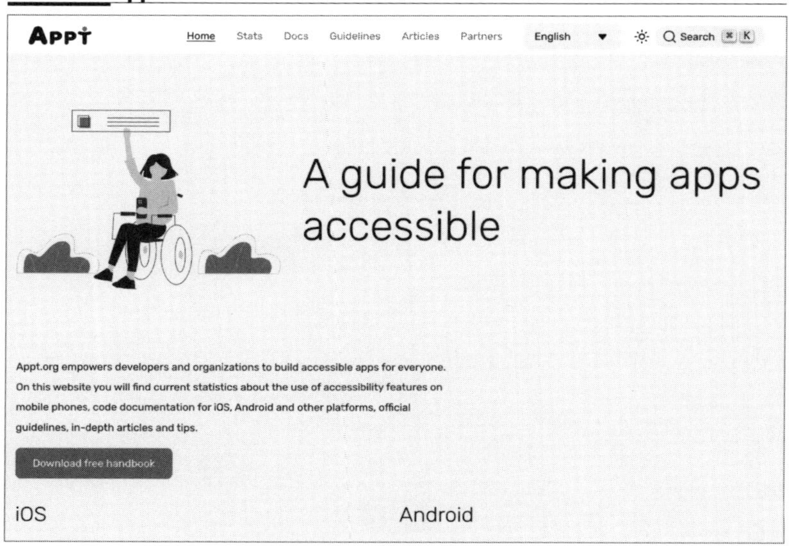

ています。加えて、Flutter、.NET MAUI、React Native、Xamarinといったクロスプラットフォームフレームワークでの実装についても紹介しています。オランダにおけるスマートフォン利用や支援技術利用の統計情報や、WCAGの解説、法律の解説、アクセシビリティを必要とするペルソナなどもあり、コンテンツが充実しています。

ドイツの通信会社であるT-Mobileは「MagentaA11y」注62というガイドラインとチェックリストを公開しています(**図1-4-4**)。Web向けとモバイルアプリ向けのガイドがあります。構成がユニークであり、チェック方法や実装方法やコードサンプルをコンポーネント単位で確認できます。正しく実装した場合のスクリーンリーダーの挙動の動画などもあり、デザインや開発を進めながら参照する際に便利です。

業務用SaaS(*Software as a Service*)を提供する国内企業であるfreeeでは「freeeアクセシビリティー・ガイドライン」注63を公開しています(**図1-4-5**)。

注62 https://www.magentaa11y.com/
注63 https://a11y-guidelines.freee.co.jp/

図1-4-4 MagentaA11y

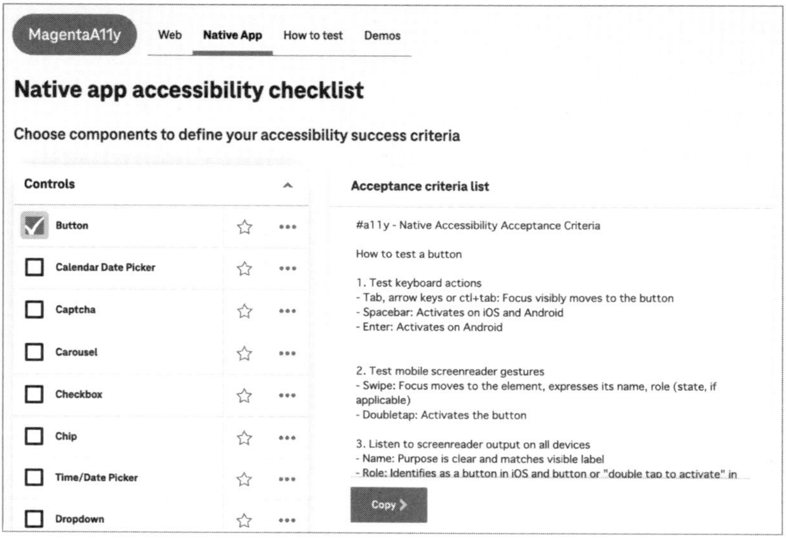

MagentaA11y
Web
Native App
How to test
Demos
Native app accessibility checklist
Choose components to define your accessibility success criteria
Controls
Button
Calendar Date Picker
Captcha
Carousel
Checkbox
Chip
Time/Date Picker
Dropdown
Acceptance criteria list
#a11y - Native Accessibility Acceptance Criteria
How to test a button
1. Test keyboard actions
- Tab, arrow keys or ctl+tab: Focus visibly moves to the button
- Spacebar: Activates on iOS and Android
- Enter: Activates on Android
2. Test mobile screenreader gestures
- Swipe: Focus moves to the element, expresses its name, role (state, if applicable)
- Doubletap: Activates the button
3. Listen to screenreader output on all devices
- Name: Purpose is clear and matches visible label
- Role: Identifies as a button in iOS and button or "double tap to activate" in
Copy

WCAGの内容を踏襲しつつ、開発の現場での使いやすさを意識し、抽象的でわかりづらい表現をなるべく廃した独自のガイドラインとして策定しています。当初はWebコンテンツを対象としていましたが、2021年からモバイルアプリにも適用できる形に調整されました。マークアップと実装、ページ全体、ログイン・セッション、入力デバイス、テキスト、画像化されたテキスト、画像、アイコン、リンク、フォーム、動的コンテンツ、音声・映像コンテンツというカテゴリで構成され、その内容ごとにiOS・Android・HTMLでの実装方法、およびテスト方法が記載されています。加えてチェック実施用Googleスプレッドシートも配布されており、デザイン時・実装時・QA(*Quality Assurance*、品質保証)時のそれぞれで何を行うべきかを一覧できます。

図1-4-5　freeeアクセシビリティー・ガイドラインを元にしたチェックリスト

WCAGを元にしており、モバイルアプリの実装のコードにも言及がある

[shared] アクセシビリティー・チェックリスト一般公開用 のコピー

ファイル　編集　表示　挿入　表示形式　データ　ツール　拡張機能　ヘルプ

ID	チェック結果	チェック結果に関する補足	チェック内容	重篤度	実装方法：iOS	実装方法：Android	参考情報
0371			エディット・ボックスや独自に実装した暗証番号入力のためのコンポーネントなど、ユーザーが文字列を入力する場面において、外付けキーボードが接続されたタイミングに関係なく、外付けキーボードによる入力が可能になっている。	[MAJOR]			様々なユーザーの入力手段の特徴とそのサポ
0401			• アイコンの役割や示している状態を表すテキストが表示されていて、そのアイコンと明示的に関連付けられている。または • そのようなテキストがアイコンに付加されている。	[MAJOR]	アイコンにラベルを付加する: • ``accessibilityLabel`` で指定する。	アイコンにラベルを付加する: • ``contentDescription`` 属性で指定する。	
0402			アイコンがテキストのラベルと併せて表示されている場合、同じ内容が重複してスクリーン・リーダーに読み上げられないようにする。	[NORMAL]	スクリーン・リーダーに読み上げられないようにする: ``isAccessibilityElement`` を ``false`` にする。	スクリーン・リーダーに読み上げられないようにする: ``importantForAccessibility`` を ``no`` にする。	
0431			• 画像に関する簡潔で過不足ない説明が付加されている。かつ • 詳細な説明が必要な場合には、その説明が当該の画像の直前または直後に表示されている、または関連付けられている。	[MAJOR]	簡潔な説明の付加: • ``accessibilityLabel`` で指定する	簡潔な説明の付加: • ``contentDescription`` で指定する	テキストによる画像の説明
0461			情報や機能性を一切持たない画像は、スクリーン・リーダーで無視されるようになっている。	[NORMAL]	スクリーン・リーダーに無視させる: • ``isAccessibilityElement`` を ``false`` にする。	スクリーン・リーダーに無視させる: • ``importantForAccessibility`` を ``no`` にする。	テキストによる画像の説明
0521			画像化されたテキストと同じ内容が、スクリーン・リーダーで確認できる形のテキスト・データとしても提供されている。	[MAJOR]	テキスト・データの提供: • ``accessibilityLabel`` を用いる	テキスト・データの提供: • ``contentDescription`` を用いる	画像化されたテキストの問題点 画像化されたテキストを使用する場合の代替提供
0551			見出しが、設計資料に従って適切に実装されている。	[NORMAL]	見出しの実装: ``UIAccessibilityTraits.header`` をセットする。	見出しの実装: 当該テキストに対して ``android:accessiblityHeading`` を ``true`` に設定する（Android 9以降）	セマンティクスを適切にマークアップする重 適切なページ構造、マークアップとスクリー リーダーを用いた効率的な情報アクセス
0554			UIコンポーネントは、OSや開発フレームワークの標準コンポーネントを用いて実装されている。	[MAJOR]			UIコンポーネントのアクセシビリティー
0586			独自実装のUIコンポーネントは、スクリーン・リーダーなどの支援技術に適切にその役割や状態が伝わるようになっている。	[CRITICAL]	スクリーン・リーダーに役割を伝える: • 適切な ``accessibilityTraits`` を指定する。	スクリーン・リーダーに役割を伝える: • jetpack composeを使用している場合：``role`` 属性を適切に指定する • jetpack composeを使用していない場合：viewの ``getAccessibilityClassName()`` メソッドを、適切な値が返るもので上書きする。	UIコンポーネントのアクセシビリティー Tab/Shift+Tabキーを用いたチェック
0587			複数の状態を持つコンポーネントは、その状態が視覚的にもスクリーン・リーダーでも分かるように	[CRITICAL]			UIコンポーネントのアクセシビリティー

チェックリストの使い方　デザイン: Web　デザイン: モバイル　コード: Web　コード: モバイル　プロダクト: Web　プロダクト: モバイル　Design: Web　De

第2章

モバイルアプリのデザインとアクセシビリティ

本章では、UIデザイナーが制作を行ううえで、アクセシビリティとどう向き合うべきか解説します。デザイナーとして、審美性や利便性を追求する中でアクセシビリティも同時に基準を満たさなければならないと考えると、取り組む難易度が高そうに感じてしまうかもしれません。しかしそれは、アクセシビリティに対してのとらえ方を改めるだけで、大きく変わります。むしろ制作において有効な指針と転じ、UIデザイン全体に効能をもたらす可能性さえあります。このとらえ方の違いについて、具体例も含めて解説します。

2.1 モバイルアプリにおけるデザインの位置付け・役割

まずは前提として、本章で語る「UIデザイン」という行為そのものについて、定義をしておきましょう。

UIデザインとは、サービスが持つ機能便益や、プラットフォームとしてユーザーや社会に提供し得る本質的価値を、人間が操作、閲覧が可能なかたちに解釈および変換し、じかに体験できるようにすることだと、筆者は考えます。総じてユーザーがサービスを介して自身の暮らしを豊かに、そして便利にできるようにサービスユーザー間の価値の伝播(でんぱ)を円滑かつ最大化することが、UIデザインに求められる役割といえるでしょう。

そのためにまずUIでは、ユーザーが可能な限り速く、そして確実に目的を実行できる(＝迷わずに操作できる)ようにしなくてはいけません。

そして、サービスを事業として成立させるために、サービス自体がより多くの人々に認知され、積極的に継続して利用してもらうこともUIデザインには求められます。

具体的にいうと、特定のサービスを積極的に認知してもらうために、サービスは一貫した「そのサービスらしさ」を市場に発信し続ける必要があり、UIデザインはその一助を担います。また、サービスがそれぞれの事業指標を達成するためには、ユーザーに促したい行動があるはずです(たとえば、ECサイトにおける購買ボタンのクリックなど)。ユーザーの本意を尊重することが大前提ですが、行為を促すこともUIデザインで検討すべき重要な要件です。そして、サービスを一度利用したユーザーに「居心地が良い」「また継続して利用したい」と思ってもらえることも重要です。

デザイナー視点でのアクセシビリティのとらえ方

それでは、上記のことが求められるUIデザインの中で、アクセシビリティはどういう立ち位置としてとらえるべきでしょうか。

端的にいうと、アクセシビリティは、UIデザインの手前にあるべき大前提だと考えます。

つまり、UIデザインによって創出される価値や実益と並列の概念として見るのではなく、アクセシビリティありきでUIデザインに取り組む、というとらえ方です。

なぜアクセシビリティが大前提になるのかというと、それは、アクセシビリティが欠如するとそもそものインタフェースの本懐である「すべての人」が「いつでも」目的を遂行できるようにするための架け橋としての役割を果たせないからです。

「すべての人」に含まれる対象者は、健常者、障害者、高齢者、子どもなど、すべての人々を指します。

「いつでも」に含まれる状況は、インタフェースを椅子に座って操作する、歩きながら片手で操作する、料理中に片手で操作する、赤ちゃんを抱きかかえている最中に片手で操作する、酔っ払っている最中に操作するなど、実際のユーザーが操作し得るすべての機会を指します。

上記のようにインタフェースを操作する状況はまったく一様ではなく、操作する人々の数だけ、またその時間軸だけ無限のパターンがあります。それらのすべてのパターンに対して、一貫した体験を提供するのは、現在のテクノロジでは難しいと言わざるを得ません。しかし、操作が険しい状況に対しても補助機能を使えるようにすることで、比較的目的にたどり着きやすくすることはできます。これらによって、操作を諦めてしまった人々にも、サービスの価値を正しく伝えられます。

アクセシブルでありインクルーシブであることは、サービスにとっての機会損失をなくすことでもあります。サービスの社会的意義としても、事業への貢献としても、インタフェースの存在意義としても、アクセシビリティを前提とすることは真っ当なあり方なのではないでしょうか。

UIの道具性とブランドの演出装置——それぞれの役割、意識配分・棲み分け

ただし、前項の考え方はUIの道具性の部分に偏っているともいえます。

UIデザインをするうえで、それがサービスのブランディングにどう寄与するのかを除外することはないでしょう。サービス自体の色、スタイリングなどの見た目の点において、トレンドをとらえたものにしたり、安心感を与えるものにしたり、競合に対して差別化することで、サービスのイメ

ージを確立しブランディングとすることは、多くのサービスにとって必要不可欠です。

このとき、アクセシビリティを追求することが、結果的にサービスの「らしさ」を損ねてしまうのではないかという懸念を持つこともあるかと思います。

このような軋轢(あつれき)を生まないための考え方をいくつか提案します。

ブランディングとしてのアクセシビリティ活用

1つ目は、サービスのブランディングとしてアクセシビリティを用いるという考え方です。ブランディングを通じたサービスの印象形成をするうえで、どれだけサービスを信頼、共感してもらえるかという観点は多くのサービスで重要視されます。もしサービスが、アクセシビリティにおいて一定の基準を満たしていることを宣言できるのであれば、それは「誰も取り残さない」という社会への意思表明として発信できます。この意思表明はサービスへの信頼性につながり、サービスの価値を高めます。

そして、ブランディングとは外部へのみ影響を及ぼすものではありません。外部へ明確にメッセージを発信するからこそ、そのメッセージをまっとうする責務が社内でも発生します。結果、ブランディングが社内におけるものづくりの指針となります。もしアクセシビリティをブランディングとして組み込めば、アクセシビリティを遵守するか否かを個人の裁量や感覚に依存することはなくなります。意思決定に迷うことなく、アクセシビリティを優先的に考えられるようになるはずです。

デザインを行ううえでの基準としてのアクセシビリティ活用

2つ目は、アクセシビリティを、デザインをするうえでの有益な基準としてとらえる考え方です。前述の「アクセシビリティを追求することが、結果的にサービスの『らしさ』を損ねてしまう」という意識は、アクセシビリティを「制約」としてとらえてしまっているが故のものです。

アクセシビリティを肯定的にとらえるために、デザインをより作りやすくする定量的な「判断基準」として再解釈してみるのはいかがでしょうか。

実際に筆者がアクセシビリティを遵守することを当たり前のように意識できるようになったのは、アクセシビリティがデザインの良し悪しに対して定量的な判断基準をもたらしてくれることを、組織でデザインするうえでのメリットとして享受できると考えるようになったからです。

では、定量的な判断基準として活用できる具体的な事例を見てみましょう。

まず、アクセシビリティの国際的な標準指針であるWCAG（*Web Content Accessibility Guidelines*）を参照すると、A、AA、およびAAAの3段階のレベルのコンプライアンスレベルを持っており、それぞれに定量的な基準が設けられていることがわかります[注1]。

> レベルA（適合の最低レベル）で適合するには、ウェブページがレベルA達成基準のすべてを満たすか、又は適合している代替版を提供する。
> レベルAAで適合するには、ウェブページはレベルA及びレベルAA達成基準のすべてを満たすか、又はレベルAAに適合している代替版を提供する。
> レベルAAAで適合するには、ウェブページがレベルA、レベルAA、及びレベルAAA達成基準のすべてを満たすか、又はレベルAAAに適合している代替版を提供する。

WCAG 2.1に基づいたAmeba Accessibility Guidelines[注2]では、

> テキストと背景の間に充分なコントラストを確保する。
> 晴れの日に太陽光でディスプレイの文字が読みにくかったりなど、コントラストを確保していないことで視認性が悪化することは多々ある。こうした場合にコントラストを充分に確保することで、テキストの視認性を上げるだけでなく、中度のロービジョンの人に対してもコンテンツを提供できるようにする。
> 具体的には、次の基準とする。
> ・大きな文字の場合、コントラスト比を3：1以上にする
> ・それ以外の場合、コントラスト比を4.5：1以上にする
> ここで、「大きな文字」とは次の通り。
> ・24px以上の太字（18pt相当）
> ・29px以上（22pt相当）

注1　https://waic.jp/translations/WCAG21/Understanding/conformance#levels

注2　https://a11y-guidelines.ameba.design/1/4/3/

> 例外
> 次のような、テキストとして理解されることを目的としていないコンテンツは例外とする。
> ・写真に含まれる道路標識などの付随的な文字
> ・企業のロゴ
> ・何らかの実装上の理由で隠している文字

とあり、テキストのコントラストを文字サイズの状態によって4.5：1あるいは3：1以上にすべきと書かれています。

これらは論理的な実証から導き出された値であり、特定の人物の感覚に依存したヒューリスティックな定性的判断軸ではありません。

通常、デザインのレビューなどを行うとき、「この文字は小さくて少し読みづらいかもしれない」「この文字は少し色が背景に紛れていて、外だと見づらいかもしれない」など、レビュアーの感覚に依存して可読性などを判断せざるをえないことがあります。

これは、デザインの良し悪しの判断基準が属人化しているといえます。属人化による問題は、時代を経て基準が継承されないことや、そもそもレビュイーが同じ価値観を持っていない場合に納得感を得られないこと、さらには、さまざまな色覚特性に配慮したさまざまな見え方をシミュレートしないと正しくアクセシブルな状態が作れないことなどが考えられます。結果的に品質の一貫性の欠如や開発時のコミュニケーションコストなどにつながるといえるでしょう。

実証から得られた国際的基準は、これらの課題を引き起こすことなく一律の基準にのっとるだけなので、シンプルで明瞭な判断基準として万人が活用できるのです。

アクセシビリティの準拠ラインを定める

3つ目は、アクセシビリティの準拠ラインを、サービスとして定めてしまうことです。アクセシビリティはただ一定の基準を達成することそれ自体が目的ではありません。重要なのはサービスをアクセシブルなものにしようという意識と検討であり、自分たちのサービスを使ってくれているユーザーが、UIを使ううえで障壁のない状態を必要十分に担保することです。

一定の基準を満たせないことが一概に悪ということではありません。

アクセシビリティを遵守しようとするうえで問題として上がりがちなケースを1つ紹介します。サービスのブランドカラーがオレンジのような暖色かつ明るい色の場合、その上に何かしらのテキストを載せようとするときに、視覚的な審美性とWCAG 2.1で定義されるコントラスト比の両立が難しいというものです。

このようなケースに遭遇した際の対応策はいくつか考えられます。

- **上に置かれるテキストサイズによって対応を変える**
- **ボタンに対しては、ブランドカラーに依存しない黒、白などのカラーを用いる**
- **ブランドを重視する面とアクセシビリティを重視する面を定義し、コントラスト準拠の範囲を限定する**

このような対応策の中から、ブランディングとアクセシビリティの双方の観点を尊重し、準拠すべきラインをすり合わせ、今のサービスにとって必要十分なアクセシビリティを建設的に思案することができます。

詳しくは、2.3節「配色のポイント」の「文字、アイコン、記号の色」の項で解説しているので、そちらをご覧ください。

アクセシビリティの遵守を0%か100%かで考えない

上記の手法は、いずれもアクセシビリティを遵守するかしないかの二択で考えて軋轢を生じさせることを避け、双方のメリット・デメリットを理解して協調する例です。

アクセシビリティの遵守を0%か100%の二択で考えてしまうと、いずれにせよサービスにとって損失を生じさせてしまいますし、考えの放棄にもつながってしまいます。アクセシビリティを意識し続けることが大事で、1%の遵守から始めても将来的にアクセシビリティに準拠した画面が増えていくという成長が重要です。幅広い選択肢を常にもっておけるようにしたいところです。

知識として抑えることで情報設計品質が向上する

アクセシビリティをよりサービスに取り入れていくためのあと押しとし

て、アクセシビリティがサービスに副次的な恩恵を与えるケースを紹介します。

それは、アクセシビリティの考慮が情報設計品質を担保するために役立つということです。

音声読み上げの順序が引き起こす問題

アクセシビリティをサービスに適用していくときに考慮すべき項目の中に、読み上げ機能への対応があります。このときUIの要素が読み上げられる順序について考える必要があります。

これらはWCAGの達成基準1.3.2「意味のあるシーケンスを理解する」に記載されている項目であり、以下のように書かれています。

> この達成基準の意図は、コンテンツの意味を理解するのに必要な音声読み上げの順序を保ちながら、ユーザーエージェントがコンテンツの代替表現を提供できるようにすることである。意味のあるコンテンツの少なくとも1つの順序がプログラムによる解釈が可能であることが重要である。この達成基準を満たしていないコンテンツは、支援技術がそのコンテンツを正しくない順序で読み上げたり、代替スタイルシート又はそのほかの書式変更が適用されたりしたときに、利用者を困惑あるいは混乱させてしまう恐れがある。
> コンテンツの並び順を変更すると、コンテンツの意味に影響を及ぼす場合、その順序には意味がある。たとえば、あるページに2つの独立した記事がある場合、それらの記事の相対的な順序がそれぞれの意味に影響を及ぼす可能性はない。そのような状況においては、それらの記事自体には意味のあるシーケンスがあるかもしれないが、それらの記事が入っているテキストコンテナには意味のあるシーケンスはないかもしれない。

これは視覚的にインタフェースを認知することが困難なユーザーに対して、インタフェースの内容を音声読み上げで示唆するスクリーンリーダーと呼ばれる機能への対応を指しています。音声読み上げは、文書構造と同じ序列によって読み上げます。UIは視覚的にいえば基本的に左上から右下に向かって積み上がるように作られているので、スクリーンリーダーも同様にUIを左上から右下へなぞるように1パーツずつ要素を読み上げます。

たとえば通販アプリケーションのカートページをレイアウトするとします（**図2-1-1**）。このとき、カートというヘッダの直下に購入ボタン、その下に合計金額、その下に購入予定の商品リストが並ぶレイアウトをしたとすると、どうなるでしょうか。

音声読み上げは上から下へ情報を読み上げるので、真っ先に「商品を購入」と読み上げてしまいます。「何を」「いくらで」購入するのかが不明瞭な状態で意思決定を求めてしまいます。

アクセシビリティ観点でのレビューが情報設計を改善する

このようなレイアウトは、スクリーンリーダーの読み上げが、UIの解釈に役立たないどころか誤解を招きかねないので、アクセシビリティの観点から推奨できません。しかし、そもそも視覚情報でUIを解釈できる健常者でも、画面情報は多くの場合、上から下へ読み取っていくので同様の問題が起こり得ます。もちろん、UIを最後まで目に入れてから視線を戻せば正しいボタンを押せますが、UI全体を読み通したうえでの判断を強制している時点で情報の伝達効率は悪く、操作ミスのもとになる画面です。情報の理解をユーザーの解釈力に依存しており、情報設計的にも推奨しかねます。

図2-1-1　カートページのレイアウト例

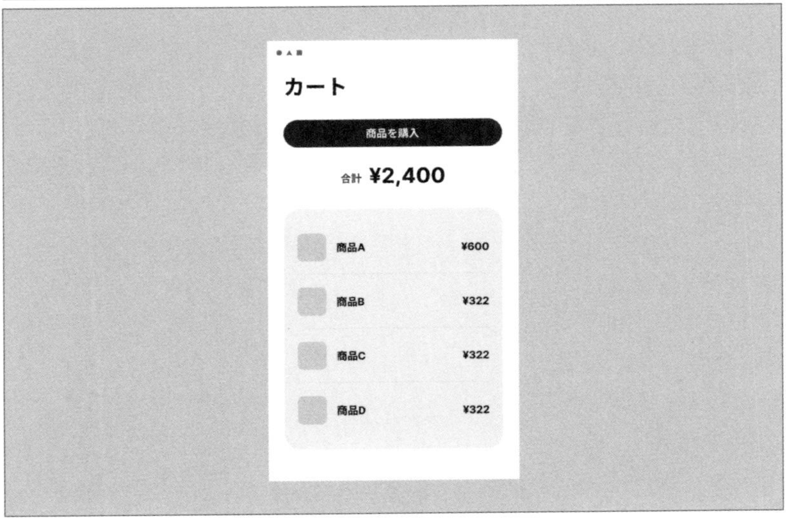

このように、アクセシビリティ観点でレビューを行うと、情報設計の粗にも気付けます。視覚的な審美性を求めるあまり、ユーザーの解釈力に依存したレイアウトをしてしまうことは筆者もたびたびあります。こうした観点でセルフレビューをすれば、明確な理解をもってより正しい選択ができます。

このように、アクセシビリティへの意識はインタフェース全体の品質の向上に直結します。

2.2 OSが提供するアクセシビリティ機能を生かす

iOSやAndroidのアプリケーションでのアクセシビリティについて、デザイン的観点での考慮事項を紹介します。

タッチデバイスならではのアクセシビリティ

まず、大前提として意識するべきことがあります。

それは、ユーザーがアプリケーションを操作する際、ほとんどの場合において、スマートフォンやタブレットといったタッチディスプレイを搭載したハードウェアデバイスに仲介され、UIに対しては直接触れたりなぞったりといったジェスチャでインタラクトするということです。

そのため、まずタッチデバイスでのUIについて理解を深めましょう。

操作可能なことを視覚的に示す

タッチデバイスは、ユーザーの認知としてはUI自体をリアルなオブジェクトとして視認し、直接操作する感覚に近いので、「直感的である」と感じやすいインタフェースです。しかし、逆にいうと視覚的情報にかなり依存したインタフェースでもあります。

そのため、ジェスチャで操作可能な要素は、より明確にその示唆をグラフィックとして提供すべきです。

キーボード操作では、フォーカス移動をすることで操作可能な要素を発見したり、マウス操作では、Hover時のインタラクションで押せる要素を明示的にしたりなどの代替手段が取れます。しかし、タッチデバイスではユーザーは押せそうにない要素に対して気付く手立てがありません。

たとえば、要素の長押しによって発生するインタラクションやスワイプなどのジェスチャ操作によって発生するインタラクションを、チュートリアルやアイコンなどの示唆なしに行わせてしまう場合、その機能を知っていないと初見で操作することは難しいです。そのような機能は、サービスについて知り尽くしたユーザーが簡易的なショートカットとして利用する前提で提供すべきでしょう。そうでない初見のユーザーにも同様の機能が扱えるように、ボタンなどの示唆で代替手段を提供すべきです。

さらに、複数の指を用いたジェスチャ操作や、図形を描くなどといった操作にも代替手段を必要とします。

視覚的情報で操作を理解できたとしても、運動機能障害により、ヘッドポインタやスタイラスで操作をするユーザーは上記の複雑な操作を実行できないからです。複雑な動作に対しても単純なタップ操作で入力を実行できる代替手段を用意しておく必要があります。

タップ領域を十分に確保する

タッチデバイスでは、要素が押せそうに見えるものとしてデザインされていても、実際に使われるシチュエーションで即座に的確に押せるかどうかという点です。任意の要素に対して押せる判定の領域、「タップ領域」のサイズに注意すべきということです。

PCでボタンなどを押すには、画面上にある矢印や手の形のカーソルをマウスで動かして任意の要素一点に狙いを定めてクリックします。しかしタッチデバイスでは、カーソルのサイズは特定のものをピンポイントで指せません。なぜならタッチデバイスにおけるカーソルは、人の指そのものだからです。人の指が画面に触れるときのサイズはおおよそ40pxから50px四方といわれており、その領域を十分に確保しておく必要があります。

40pxから50pxを確保すべきとの通説は、国際的に共通して謳(うた)われています。Material DesignのTouch Targetの項[注3]では、タッチターゲットは少

注3 https://m2.material.io/develop/web/supporting/touch-target

なくとも48×48pxであるべきと記されています。Appleのヒューマンインターフェイスガイドライン[注4]では、基本的にボタンのヒット領域を44×44pt以上にする必要があると書かれています。

この領域を十分に確保できていない場合にどういうことが起こるでしょうか。たとえば2つの小さなボタンが隣接しているとき、それぞれに十分なタップ領域を確保できていないと誤タップを招き、意図しない画面への遷移が発生します(**図2-2-1**)。

仮に十分な領域がボタンの周りに確保されていても、そのボタンのタップ領域が小さい場合、ボタンを押したつもりでも押せていない事態が発生し、ユーザーを苛立たせます。

これらの状況は、落ち着いて、机に座ってゆっくり操作すれば発生しないかもしれませんが、両手に大荷物を持って移動しながらスマートフォンを操作しているとき(歩きながらのスマートフォンの操作は推奨されませんが)はどうでしょう。酔っ払っているときに酩酊しながらスマートフォンを操作するとしたらどうでしょう。けっして他人事ではないはずです。

タップ領域の確保は、ユーザーの操作状況にかかわらず、無駄なストレスを発生させないための重要な考慮ポイントです。

以上がタッチデバイスならではのアクセシビリティ、操作における落とし穴の例です。続いて各OSが提供する具体的な支援機能について説明します。

注4　https://developer.apple.com/jp/design/human-interface-guidelines/buttons

図2-2-1　タップ領域が不十分だと誤タップを招く

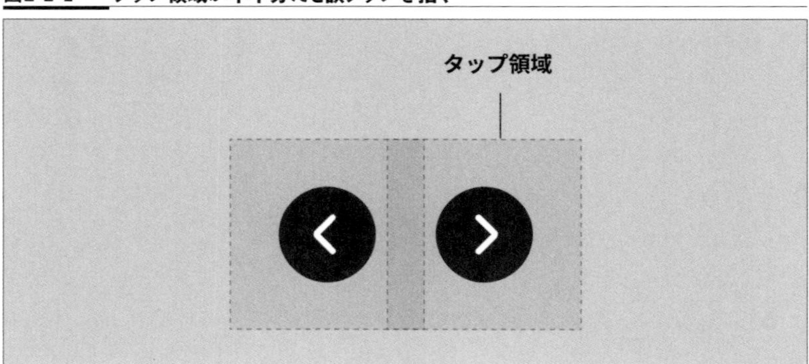

音声読み上げを困難にする例

音声読み上げ機能はiOSでは「VoiceOver」、Androidでは「TalkBack」と呼ばれます。いずれも画面上の要素やテキスト、通知、状態の変更などを音声で読み上げる機能です。この機能によって、もし画面が見えなくてもアプリケーションを操作できます。

これらの機能は設定からアクティブにすることができ、すぐに体感できるので、手持ちのスマートフォンで実際に操作してみることをお勧めします。操作にはさまざまなジェスチャが必要で、iOS/Androidにそれぞれジェスチャガイドがあるので、そちらを確認のうえ操作してください。

なお、音声読み上げを試す前には、オフにする方法も合わせて理解しておきましょう。

- **iOS**
  - iPhoneでVoiceOverジェスチャを使用するiOS 17版[注5]
  - 本書3.2節「アクセシビリティ機能を試すための事前準備」
- **Android**
  - TalkBackジェスチャを利用する[注6]
  - 本書6.2節「TalkBackを使ってみよう」の「TalkBackのオンとオフを覚える」

操作に慣れてきたら、目をつぶって操作してみるとよいでしょう。操作の難しさに気付くはずです。

ただでさえジェスチャでの操作はなかなか思いどおりにいかず、難しいものですが、操作に慣れたとしても、UIにはさまざまな障壁があります。操作を困難にするUIの事例をいくつか紹介します。

非テキストコンテンツのラベルが不足している

音声読み上げでは、テキストラベルはそのまま読み上げられるので基本的に問題はないのですが、落とし穴となるのがアイコンのみでアクションを示唆するボタンです(**図2-2-2**)。

アイコンのみで機能が示されているボタンでも、適切な代替テキストが

注5　https://support.apple.com/ja-jp/guide/iphone/iph3e2e2281/17.0/ios/17.0

注6　https://support.google.com/accessibility/android/answer/6151827?sjid=9677727080231074231-AP#zippy=

図2-2-2　アイコンは慣習的に複雑な意味が含むことが多い

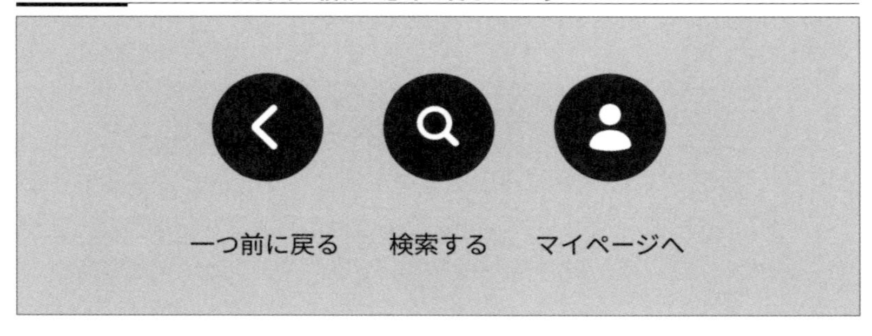

設定されていれば問題はありません。しかし、代替テキストが設定されていないと、アイコンのファイル名をそのまま読み上げてしまい、「icon_play」のようにアイコンに付いたファイル名そのものが読み上げられてしまう可能性があります。ボタンを押した結果どのようなアクションが発生するかがわかりませんし、ラベルからアイコンの意図を推測する必要があります。

タイムベースのコンテンツが生む混乱

一定時間後に自動的に画面が遷移するカルーセルやスライダーなどのタイムベースのコンテンツは、音声読み上げユーザーに複数のアクセシビリティの問題を引き起こす可能性があります。

たとえば、スクリーンリーダーがコンテンツを読み上げている途中で自動的に画面が遷移してしまうと、ユーザーはコンテンツを最後まで理解できません。また、自動遷移したとき、現在どのコンテンツを聞いているのか、また次にどのアクションを取るべきかを混乱させる可能性があります。

これらに対処するためにもタイムベースのコンテンツには、停止・再生をコントロールできる手段を明確に提供すべきです。

実際に触れてみるとこれらの問題により気付きやすく、より自分ごと化できるでしょう。

音声の自動再生が音声読み上げと重なる

自動で音声が流れ始めてしまう動画コンテンツなどにも注意が必要です。

音声の自動再生(ビデオ、音楽、音声ガイドなど)と音声読み上げが同時に行われると、2つの音声が重なり合い、どちらの情報も正しく理解できなくなる可能性があります。また、停止ボタンや音量調節が直感的ではない場所にあったり、音声読み上げでアクセスしにくい形で提供されていたりすると、ユーザーがコンテンツの再生をコントロールできません。

音声の自動再生は、電車内での突然の再生などによるトラブルなどを招くので、そもそも推奨しかねます。可能な限りこの状態を避け、ユーザーが任意のタイミングで再生をコントロールできるようにするべきでしょう。

ライブリージョンの不適切な実装

ライブリージョンは、画面上の特定のセクションが更新された際に、その変更をスクリーンリーダーなどの補助技術を通じてユーザーに通知するために使用されます。動的なコンテンツの更新を視覚的に確認できないユーザーにとって有用です。しかし、ライブリージョンの不適切な実装によってユーザー体験を著しく損なってしまうことがあります。

カルーセルやニュースティッカーなど、頻繁に更新されるコンテンツがライブリージョンに設定されていると、ほかの作業の最中でもその都度通知が読み上げられ、ユーザーの集中を乱します。このため、ユーザーのアクションに直接関連する、またはユーザーが知る必要がある重要な情報のみが通知されるようにライブリージョンを設計する必要があります。

一貫性の欠如したレイアウト

一貫性の欠如したレイアウトは、ユーザビリティ観点でも意識すべき項目ですが、アクセシビリティを考慮したデザインでもまた非常に重要です。音声読み上げでは、画面下部の要素にフォーカスするまでに、さまざまなUI要素を逐一経由しなければなりません。一貫性の担保されたレイアウトであればUI要素が予測可能な場所に配置されるため、ある程度情報をスキップし、効率的に情報にアクセスできます。

フォントサイズ変更への対応

iOS/Androidには、ユーザーがUIの文字を任意のサイズに拡大／縮小できる機能があり(iOSではDynamic Typeという機能名が付いています)、視力に衰えがある方がUIを操作する際の支援に役立っています。

しかし、これらの便利な機能は、サードパーティのサービスではしっかり対応を意識しなければ利用できません。文字サイズの変更を十分に検討しなかった場合に起きる、利用者にとっての障壁をいくつか紹介します。

テキストのオーバーフロー

一点目はコンテナからテキストがはみ出してしまう問題です(**図2-2-3**)。

テキストのサイズが大きくなると、必然的に横幅も大きくなります。UIデザインをしているとき、端末幅の想定サイズに対してギリギリに文字を収めようとすることはないでしょうか。このとき、拡大されることを想定せずにデザインしてしまうと、テキストが収まらなくなってしまいます。テキストサイズの可変にかかわらず、端末幅が想定より小さい場合にも起きるので、想定サイズを限定してUIを設計することは避けましょう。

テキストの切れ

前述のテキストのオーバーフローと連動するものですが、テキストがコンテナの領域を超過、あるいは指定の行数を超過してしまったとき、超過分を「…」のように省略することの弊害が二点目の問題です。(**図2-2-4**)。視覚上の収まりはよいかもしれませんが、文章の肝心の部分が読めないと、ユーザーはUIから意図を読み取れなくなるかもしれません。

図2-2-3　コンテナからテキストがはみ出してしまう

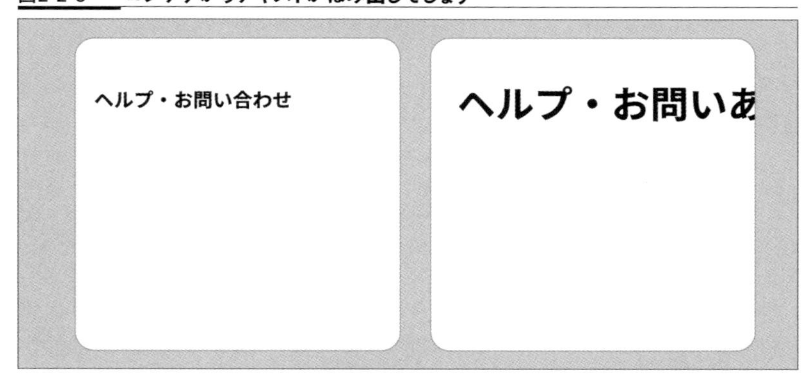

ただし、一概に「…」での省略がNGというわけではありません。読み物系メディアなどでの記事一覧のUIで、本文部分を数行表示させるパターンは問題ありません（**図2-2-5**）。なぜならこれらは、たいていリストの遷移先に本文が全文表示されています。遷移先のコンテンツがどんなものかを想起させ、記事への期待値を調整する補助的な文章なので、記事一覧上ですべての本文が見えている必要がないからです。

「…」による省略は、その文章がアクションを完了するのに必要不可欠かどうかを見極めたうえで、使う場所を限定しましょう。

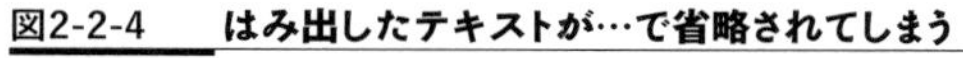

図2-2-4　はみ出したテキストが…で省略されてしまう

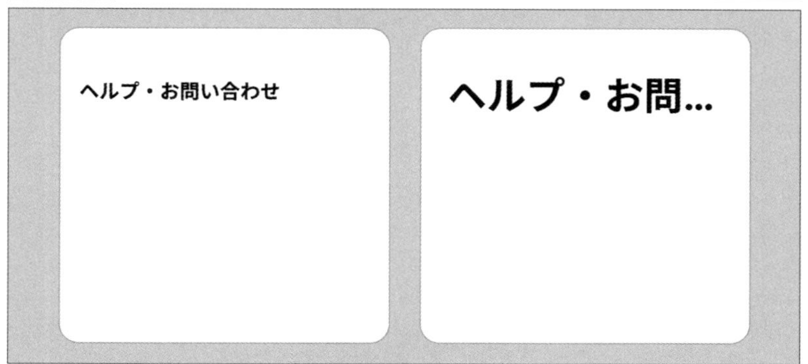

図2-2-5　省略が必ずしも悪いわけではない

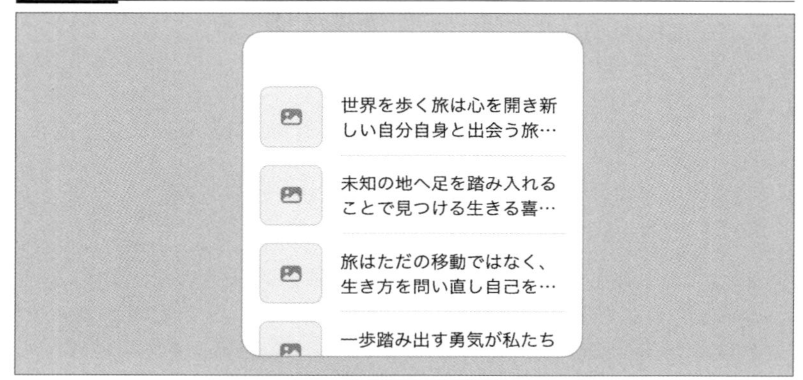

隣接する要素との間隔

テキストのサイズが大きくなったことで、隣接する要素との間隔が不適切になる、またはほかのUI要素と重なってしまう問題です。レイアウトを固定値で組んでしまうと起きがちです。リストなどで高さを固定値にしたうえで文字サイズを大きくすると、要素が想定する領域から飛び出てしまいます(**図2-2-6**)。

これらを解決するための一つの方法として、リストの高さはテキストサイズに依存するように作ることをお勧めします(**図2-2-7**)。

テキストに対して上下に余白を付けるようにリストの高さを定義すると、理論上どんなにテキストの高さが変わってもテキストと表示領域が干渉しません。リスト内のテキストの行数が可変になることが想定される場合、リストに対して最小サイズを定義しておくと、行数が少ないときに自動的にリストの高さが縮小されることはありません。

モーダルやポップアップのサイズ固定

リストのケースと似ていますが、要素が固定サイズの場合、大きなテキストが完全には表示されない可能性があります(**図2-2-8**)。

ダイアログなどで、要素の量を完全にコントロールする前提で固定の高さでレイアウトをしてしまうと、テキストサイズの変更に耐えられません。画面を覆い隠すようなUIでも、要素の高さが画面の高さを超えることを想

図2-2-6　高さ固定で文字サイズを拡大すると表示が崩れる

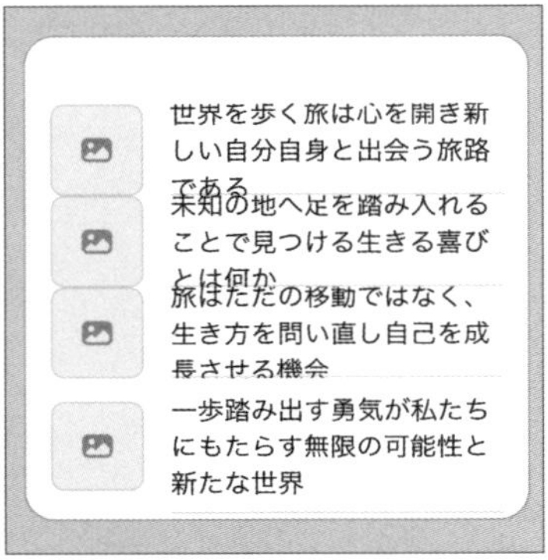

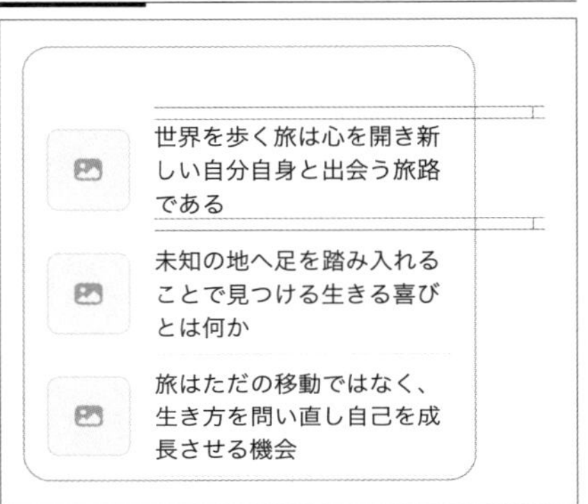

図2-2-7　テキストに対して上下に余白を付ける

図2-2-8　テキストサイズを拡大すると完全には表示されない

定して、スクロール可能にしておいたほうがよいでしょう。

テキストのサイズに対してアイコンが小さい

テキストのサイズに直接関わる問題ではなく、それに伴う弊害です。テキストに隣接するアイコンボタンなどが同様にスケールしないと、アイコンが押せるものとして認知できないことがあります。テキストが含まれないボタンはどう変化するか、確認したほうがよいでしょう。

これらの問題を実感するには、実機で本番のインタフェースを用いてアクセシビリティの支援機能を試しておくことが大事です。

昨今のUIデザインツールでは、実際の実装に近い構築ができる機能を備えたものが徐々に増えています。要素のサイズを固定値で指定して並べるだけではなく、内包する要素のサイズに依存して親要素のサイズを変えられたり、上下の要素のサイズに合わせてレイアウトが動的に変更できるようになっています。デザイナーが実装者に対して、テキストサイズの可変にどうデザインで対応すべきか伝えやすい環境がそろいつつあります。

ユーザーの環境依存でテキストサイズはいかようにも変化することを念頭に置き、作成したデザインを見なおしてみましょう(**図2-2-9**)。

図2-2-9　テキストサイズに依存して可変するリストの設計

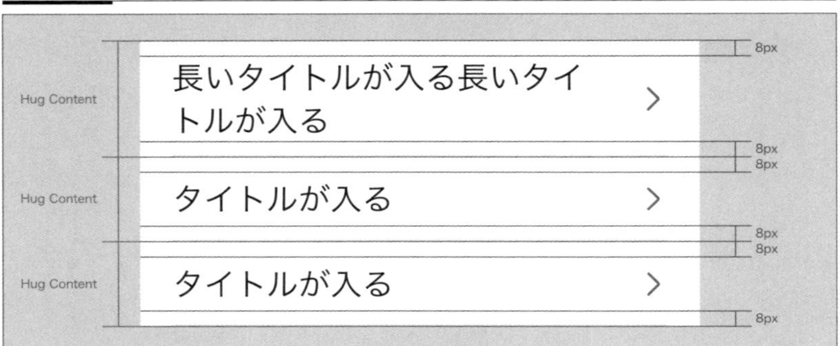

2.3 配色のポイント

本節では、配色について説明します。

前述のとおり、スマートフォン、タブレットは視覚情報に依存したデバイスです。アクセシビリティとデザインを語るうえで、色、特にコントラスト比の話は非常によく話題に上がります。デザイナー目線で、どのようにアクセシブルな色使いをするか紹介していきます。

文字、アイコン、記号の色

文字、アイコン、記号の色は、主に可読性に関わります。

可読性の担保は、UI／グラフィック問わず、デザインの重要な要素です。色覚特性を担保するには、可読性はさまざまな可能性を考慮しなければなりません。

デザイナーが担保すべき指標はコントラストです。背景色と文字色の差が明らかであれば、色覚特性をもっていても文字を正確に識別できます。

ただし、デザインを考えていくうえで、遵守が難しいこともあります。よくあるのは、ブランドカラーの上に文字色を載せたときに、規定のコントラスト比を担保できない例です。

図2-3-1は、オレンジ色のボタンの色の組み合わせパターンです。この中で配色としてのバランスが取れていて、なおかつボタンとその上のテキストが強調されているように見える選択肢は、1の明るいオレンジの背景色+白テキストです。しかし、これでは十分なコントラストを満たせていません。

十分なコントラスト比を担保するには、背景色をより暗く濃い色に変更する、またはテキストの色を黒系統に変更しなければなりません。

しかし、これではボタンのプライマリカラーとブランドカラーが乖離(かいり)してしまい、そもそもブランドカラーから色を継承する意味がなくなってしまいます。また、ボタン自体が目立たなくなり、プライマリボタンとしての強調度合いを欠いてしまいます。

この状態に対して、アクセシビリティは絶対でありサービスのブランドカラーを変更すべき、などといった議論に発展すると、さまざまな軋轢を生じさせます。

ここで重要なコミュニケーションは、ブランドカラーがオレンジのサービスにおいての最善の選択を探ることです。

たとえば、WCAGでも大きなテキストの場合は必ずしもコントラスト比4.5：1を担保する必要はなく、3：1を達成できていればよいともされています。文字を大きく表示できるコンポーネントでは明るいオレンジ背景を利用し、小さいときはよりコントラストを意識した配色に変更するという選択は考えられます。

また、ブランドカラーを変えずとも、ボタンのプライマリカラーは常に黒背景色+白色のテキストにするという選択もあります。黒色は白色に対しては最もコントラストが強いので、プライマリボタンとして強調される

図2-3-1 ブランドカラーがオレンジの場合のボタンのコントラスト

要件を満たせます。さらに、ブランドに依存しない比較的ニュートラルな色なので、どんな組み合わせにも対応できる強みがあります。イラストやグラフィックが多用されるサービスでは、カラフルなコンテンツに対して相対的に強調できる利点もあります。

あるいは、アクセシビリティを徹底的に遵守する画面と、ブランド観点を重視する面を定義付けて、コントラスト比が担保されない組み合わせを利用するか否かの判断軸とする考え方もあります。たとえばユーザーが確実に動作を実行できなければ、サービスが提供する便益を利用できなかったり、ユーザーが損失を被るような場面では、しっかりアクセシビリティを担保した配色にします。一方、サービス側からの訴求や宣伝など、ユーザーがサービスを利用するうえで必須ではなく、むしろサービスらしさの認知のために運用されるクリエイティブでは、ブランドカラーに準拠した配色にするという手法です。

以上のように工夫の余地の中で善処していきましょう。まずは取り組んでみる姿勢が変化をもたらします。

色だけで差分を示唆しない

色についてもう一つ留意するのは、色だけで差分を示唆しないことです。

前述のように、色覚特性を持つ方の中には色を知覚できないという特性もあります。活性／非活性などのステータスを色だけで示唆すると、disableな要素を押そうとしてしまったり、選択中の要素が未選択のように見えてもう一度押してしまったりします(**図2-3-2**)。

これを避けるために、ステータスが変化する要素では、文字の太さを変

図2-3-2　色覚特性によっては色だけではステータスを知覚できない

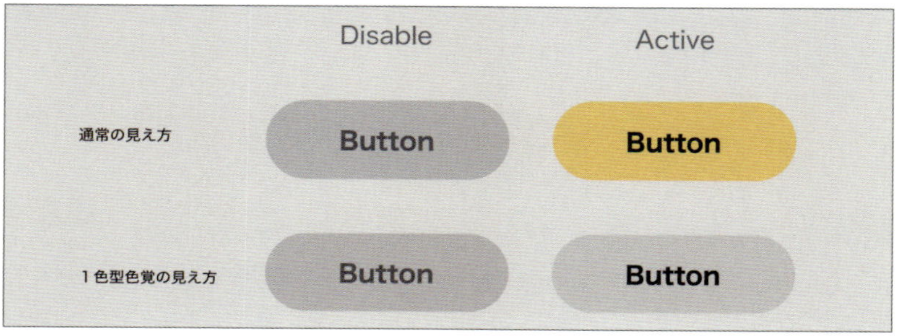

える、ステータスを示唆するアイコンを併設するなど工夫しましょう。

2.4 標準コンポーネントのポイント

ここまでアクセシビリティとデザインの留意点について紹介しましたが、これらの問題をおおむね解決できる方法があります。OSがあらかじめ提供するコンポーネントをそのまま流用することです。

- **Appleが提供するコンポーネント[注7]（図2-4-1）**
- **Googleが提供するコンポーネント[注8]（図2-4-2）**

これらのコンポーネントは、各OSのアクセシビリティガイドラインに基づいて設計されているため、多くのアクセシビリティ機能がすでに組み込まれています。たとえば、ボタンやテキストフィールドなどのコンポーネントは、VoiceOverやTalkBackのようなスクリーンリーダーとの相互作用がデフォルトでサポートされています。

また、OSのアップデートに追従してコンポーネントもアップデートされるため、新しいアクセシビリティ機能や改善点を取り込み続けています。

注7　https://developer.apple.com/design/human-interface-guidelines/components
注8　https://m3.material.io/components

図2-4-1　Apppleが提供するコンポーネント

図2-4-2　Googleが提供するコンポーネント

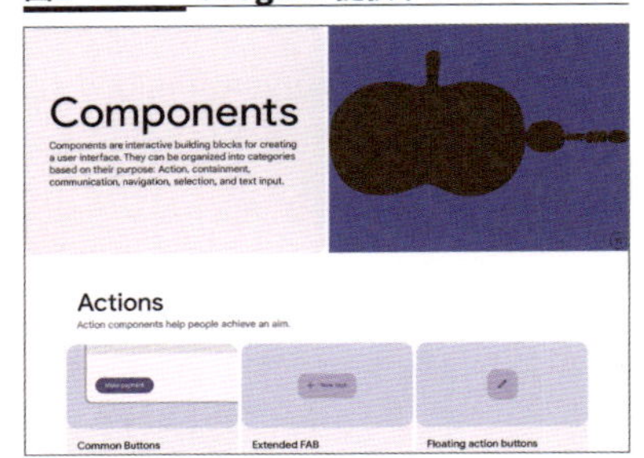

つまり、ほぼ自動的に最新のアクセシビリティ機能を搭載できます。

デザインはもちろんですが実装上でも、標準コンポーネントを利用することで考慮コストを削減でき、テスト工数も減らせます。安定して早く高品質なインタフェースを提供できます。

必ずしも使わなければいけないわけではない

しかし、すべて標準コンポーネントを活用すべきかというと必ずしもそうではありません。

そもそも求められている挙動が複雑で、カスタムコンポーネントを作成しないとサービス要件を満たせないこともあります。サービスのブランディングやスタイリング面で競合優位性を作るために、標準コンポーネントでは拡張性の面で力不足なこともあります。

また、iOSとAndroidで要件に差分を作りたくないときに、標準コンポーネントの有無で大きく画面要件が変わることを避けるために、いずれかのOSでユニークなコンポーネントを用意することもあるでしょう。アニメーションやスタイリングに一貫性をもたせるために、標準コンポーネントのプロパティ変化値では不足を感じることもあるでしょう。

標準コンポーネントを使うべきなのは、それを使うだけでアクセシビリティの担保をすばやく確実に実現できるからです。標準コンポーネントを使わないことがすべての状況で悪というわけではありません。標準コンポーネントのメリットを理解しつつ、開発状況や実現したい要件について標準コンポーネントで役割を遂行できるかどうか建設的に議論できるようにしておくことがデザイナーには求められます。

踏襲すべきところと改変してもよいところ

もし、標準コンポーネントを使わないと判断したのであれば、サービス独自のカスタムコンポーネントを作成する必要があります。このとき、アクセシビリティにおいて標準コンポーネントで考慮されていた部分が劣化することは基本的に避けるべきです。サービス内での一貫性はもちろん、サービス外での挙動にも一貫性が求められるからです。

ユーザーは1つのサービスのみを触れつづけるわけではありません。さまざまなアプリケーションを行ったり来たりします。アクセシビリティの支援機能が機能する部分と機能しない部分が混在したら、その不便さははかりしれません。

操作する人間を中心に設計する思想に基づいて、サービス外も含めたユーザーの操作環境を考慮して必要な要件を見定めれば、必然的に標準コンポーネント相当のアクセシビリティが求められることが納得できるはずです。

2.5 チームとしてデザインするために

本節では、サービスにアクセシブルなデザインをもたらすために、開発チームとしてどのような運用をしていくべきかを紹介します。

チームでアクセシブルなサービスを作っていくとき、誰か1人がアクセシビリティができて孤軍奮闘すればよいわけではありません。

たとえば、誰か1人が突出してアクセシビリティに精通していてレビュアーとして立ち回っても、ほかのメンバーがアクセシビリティの必要性や役割を認識して課題を自分ごと化できていなかったとします。これでは、アクセシビリティは属人化し続けてしまいます。また、納得感のないままアクセシビリティのための修正を繰り返しているとストレスになり、制約と感じるようになってしまいます。

短期的にサービスにアクセシブルな状態をもたらせても、中長期的にアクセシブルな状態であるためには多くの課題があります。これらを解決するためのいくつかの提案をしていきます。

アクセシビリティを意識したデザインレギュレーション

チームでデザインをするために必要なのは、意識の同期です。そのサービスにおいてアクセシビリティを必要とする目的について、認識を共有する必要があります。

伝え方はチームによってさまざまですが、サービス指針としてアクセシビリティ準拠を明言することをお勧めします。サービス指針として明言することによって、個人の見解ではなくサービスが主語になります。サービスを主語にして語ることで、サービスを形作っている人々の中で共通の意識として根付かせることができます。また、サービス指針は向かうべき方向の定義です。そのため現状に対しての制約と受け取られず、前向きに考えることができます。

アクセシビリティをより推進しやすいサービス指針としては、以下のようなものがあります。

- **「サービス」はすべてのユーザーにとって使いやすくあるべき**
- **「サービス」の利用者基盤を拡大し、より多くの顧客層にリーチする**
- **「サービス」の社会的責任を果たし、すべてのユーザーを尊重する**
- **「サービス」の品質と信頼性を担保する**
- **「サービス」はユーザーが信頼を寄せられる**

いずれも、サービスがアクセシビリティを推進する大義として定義できるものです。このような指針が定義されると、チームメンバーはアクセシビリティに関する意思決定で迷う必要がなくなります。

複数デザイナーでも無意識に遵守できるしくみと工夫――デザインシステム

複数のデザイナーが在籍していて、UIにおいて2人以上のデザイナーが運用・管理している場合にできる工夫を紹介します。

同じ設計レイヤーに複数の人間が携わっているとき、デザイナーとしての意思決定を常に統一させ続けることの難易度は高いです。また、達成するには、綿密なコミュニケーションを高頻度で取り続けなければいけません。

設計思想がサービスの画面によって(担当デザイナーの違いによって)分かれてしまうことは、ユーザーが望むものではありません。また、内部の事情はユーザーは知る由はありません。

このようなとき、デザインのガイドライン、つまり「デザインシステム」のようなものが必要です。デザインのガイドラインとは、前述のサービス指針を、よりデザイナー向けにデザインの共通言語を通して解釈したものです。

デザインシステムで主に定義されるのは、サービス指針にのっとったデザイン原則、UIライブラリ、ライティングガイドラインなどです。サービス指針を一貫して精度高く達成するためのしくみですが、この中にアクセシビリティに関する具体的なガイドラインを盛り込むことは有用です（**図2-5-1**、**図2-5-2**）。

アクセシビリティのガイドラインといえば、W3C（*World Wide Web Consortium*）が提供するWCAGが有名で、これとは別にドキュメントを作る必要を感じないかもしれません。しかし、デザインシステムにおいて、アクセシビリティについて触れておくべきことは大きく2点あります。

1点目は、アクセシビリティにどこまで準拠するかの定義です。前述のようにWCAGは準拠ラインとして3段階を定義しています。最も厳格なレベルであるAAAに到達するのは、サービスの性質によってはかなり難しいです。自分のサービスがどのレベルまでは達成できるビジョンがあるのかを見定め、我々はこのラインを目指す、またはキープできるようにするとしたほうがよいでしょう。実態と目標があまりにも乖離していると、目標が目標として機能しない可能性があります。

2点目は、コンポーネントを、あらかじめアクセシビリティを考慮した仕様で定義し、その使い方もアクセシビリティに準拠したものにすることです。

たとえば、ボタンのコンポーネントで、**図2-5-3**のように活性と非活性

図2-5-1　アクセシビリティを積極的に取り入れて作られたデザインシステムの例——Spindle（Ameba）

https://spindle.ameba.design/

図2-5-2　アクセシビリティを積極的に取り入れて作られたデザインシステムの例——vibes（freee）

https://vibes.freee.co.jp/

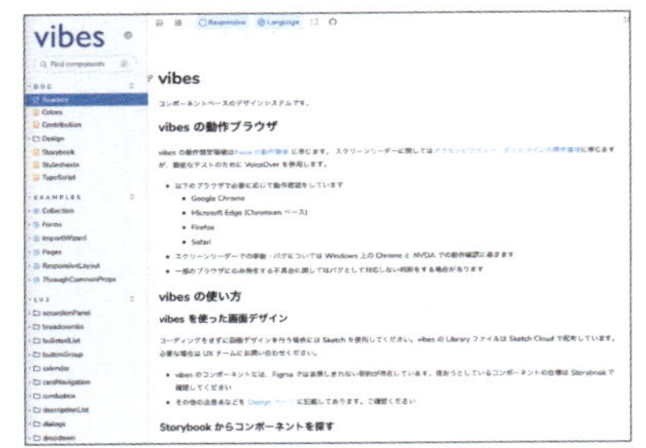

の状態が切り替えられるボタンを定義したとします。

このとき、アクセシビリティで留意すべき点として、WCAG 2.0の達成基準1.4.1の「色だけで情報を伝えない」ことがあげられます。メンバーの中に、もしこの記載を知らないデザイナーがいれば、レビュー前にこの点に気付くことは、アクセシビリティに意識を向けていたとしても難しいでしょう。また、仮に気付けたとして、どのような改善のアプローチをとるべきか、一貫した答えを複数メンバーがアウトプットするのは難しいです。

このようなときのために、ボタンのコンポーネントガイドラインに、以下のような解決策のアプローチを記載しておくのです(**図2-5-4**)。

- **「活性↔非活性でスタイルが切り替わるボタンを利用するときは、テキストの内容や、アイコンを変化させることで、差分を設けましょう。」**
- **「背景：文字色のコントラスト比が前後であまり変わらないため、色以外で知覚できる差分が必要となります。」**

各コンポーネントに対して、アクセシビリティ上のどの点に留意すべきか、そしてどのように解決すべきかを紐付(ひもづ)けて記載しておくことによって、アクセシビリティの知識が少ないデザイナーでも必要十分なインプット量

図2-5-3　活性と非活性の状態を切り替えられるボタン

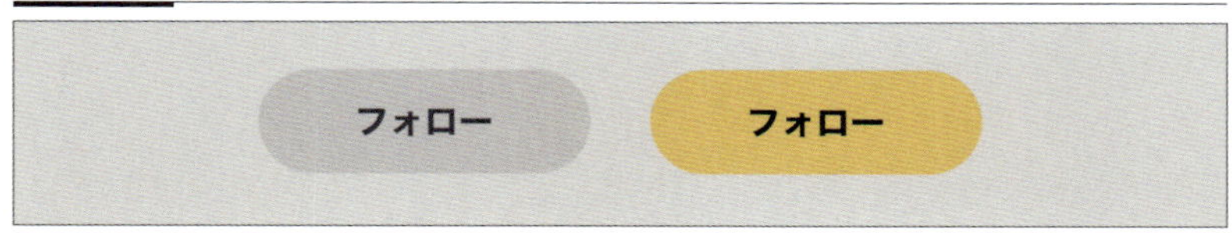

図2-5-4　ガイドラインに解決策を記載する

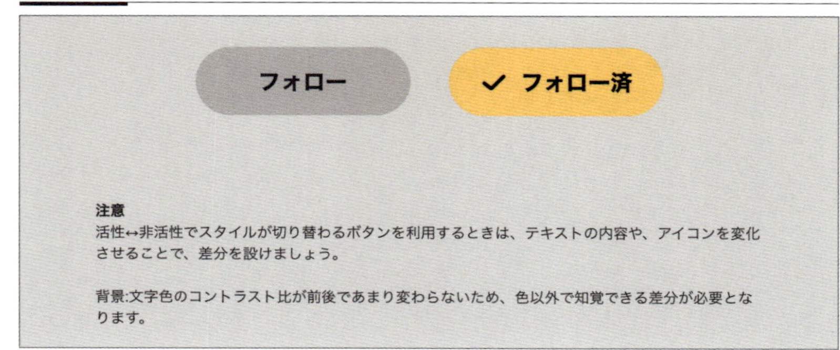

でアクセシブルなUIを一貫性をもって実現できます。

アクセシビリティを担保することは、サービスにとって当然のように意識されるべきことです。しかし、その遂行をただ個人の意識レベルに依存することは、確実性が高くないうえに、コストを生んでしまいます。

メンバーがアクセシビリティに対してより納得し、共感し、トライしてみようと思える環境づくりをし、アクセシビリティに対する相互理解と合理化を進めることこそ、アクセシビリティを推進する最も重要なプロセスではないかと筆者は考えます。

Column

UIの道具性とブランド演出を両立する方法

2.4節「標準コンポーネントのポイント」で触れたとおり、OSの標準コンポーネントと、サービス独自のカスタムコンポーネントは、基本的にはトレードオフの関係にあります。表を用いて整理してみます(**表2-5-a**)。

表2-5-a　標準コンポーネントとカスタムコンポーネント

	メリット	デメリット
標準コンポーネント	• 各OSのデザイン言語にのっとったUIになる • OSのアクセシビリティ基準を自動的に満たせる • OSのアップデートに自動的に追従 • 開発効率が向上し、テスト工数が削減	• OS間での仕様や動作の違いが生じる • デザインやインタラクションのカスタマイズに制限がある • 複雑な挙動や高度なインタラクションの実現が難しい
カスタムコンポーネント	• OS間の差異を埋めたブランド演出が可能 • デザインやインタラクションをカスタマイズ可能 • 複雑な挙動や高度なインタラクションにも対応可能	• 各OSのデザイン言語とは異なるUIになる • アクセシビリティの確保には知識が必要 • OSのアップデートに対応するための更新作業が必要 • 品質を保つための開発やテストの工数が増える

では、上記のうち、メリットだけを得た状態にする方法はないのでしょうか。完全ではないものの、近い状態にする方法はあります。それは「独自に標準化した、アクセシブルなUIコンポーネントライブラリ」を作ることです。

freeeでは、MoVibesというUIコンポーネントライブラリを構築しています[注a]。iOSとAndroidそれぞれにおいてコードベースのUIコンポーネントとして整備し、それを組み合わせてアプリケーションのUIを構築する形になっています(**図2-5-a**〜**図2-5-d**)。

このMoVibesは、以下のような観点で作成されています。標準コンポーネントとカスタムコンポーネントの利点を活かしながらライブラリとして整備することでメリットを最大化しています。

- **標準コンポーネントの積極的な活用**
  - 各OSのデザイン言語にのっとることを基本とし、標準コンポーネントを第一選択とする
  - 自社のブランド演出は、標準コンポーネントとして調整可能な範囲で行うことを優先している
  - 標準コンポーネントを使うことで、アクセシビリティ基準を自動的に満たし、OSのアップデートに追従できる
- **カスタムコンポーネントの部分的な導入**
  - 複雑な挙動や高度なインタラクションが必要な部分のみ、カスタムコンポーネント化する
  - OS間の差異を埋めるべきと判断した部分のみカスタムを行い、ブランド演出としての一貫性を高める
  - カスタムコンポーネントであっても、標準コンポーネント相当のアクセシビリティを担保する

そして、ライブラリとして整備し、再利用可能とすることで「開発効率が向上し、テスト工数が削減」も実現しています。

実例を挙げると「freee請求書アプリ」はMoVibesによって構築されているモバイルアプリケーションです(iOS版:**図2-5-e**〜**図2-5-h**、Android版:**図2-5-i**〜**図2-5-l**)。機能追加を行う開発時においてはFigmaによるデザイン作業を行わずにコンポーネントの組み合わせの指示だけでiOS版とAndroid版の開発を進行できており、品質チェックの工数も少なく、開発効率は非常に高いといえます。

さらに、このfreee請求書アプリはfreeeのアクセシビリティー・チェックリストのほぼすべての項目を満たしており、総務省が募集した「情報アクセシビリティ好事例2023」[注b]でも好事例として選定されています。

自社ブランドを演出しつつ高いアクセシビリティを維持するためには、独自のUIライブラリの構築がお勧めです。特に、freeeのように同じブランドのもとに複数のアプリケーションを展開するような状況においては、この手法を試してみる価値があるでしょう。

注a freeeにはvibesというWebアプリケーションのUIコンポーネントライブラリがあり、それのモバイルアプリ版という位置付けです。https://vibes.freee.co.jp/

注b https://www.soumu.go.jp/menu_news/s-news/01ryutsu05_02000162.html

図2-5-a　**MoVibes iOS版：ボタン一覧**

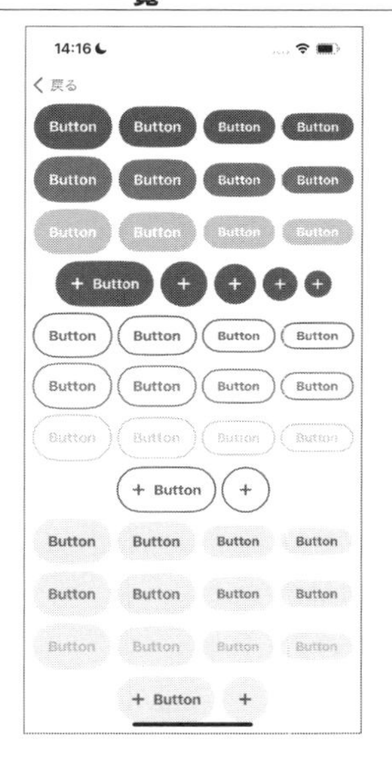

図2-5-b　**MoVibes iOS版：日付選択型コンポーネント一覧**

図2-5-c　**MoVibes Android版：ボタン一覧**

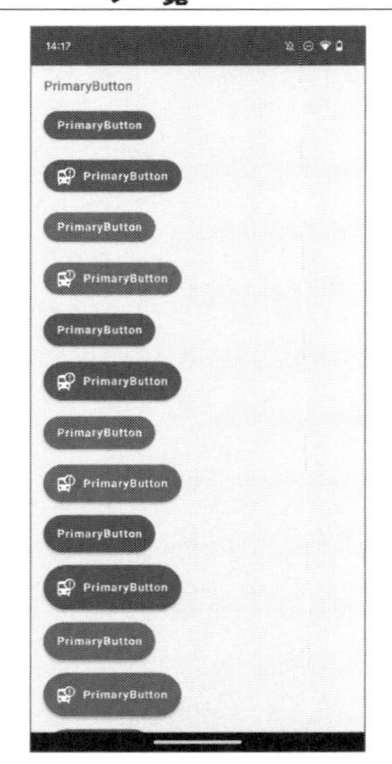

図2-5-d　**MoVibes Android版：セレクトボックスおよび時刻設定コンポーネント一覧**

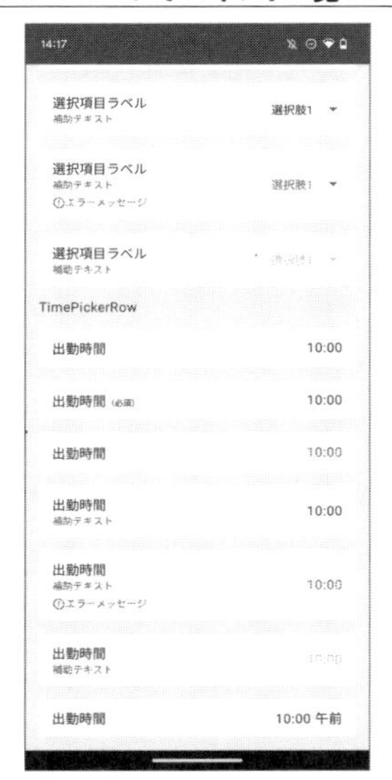

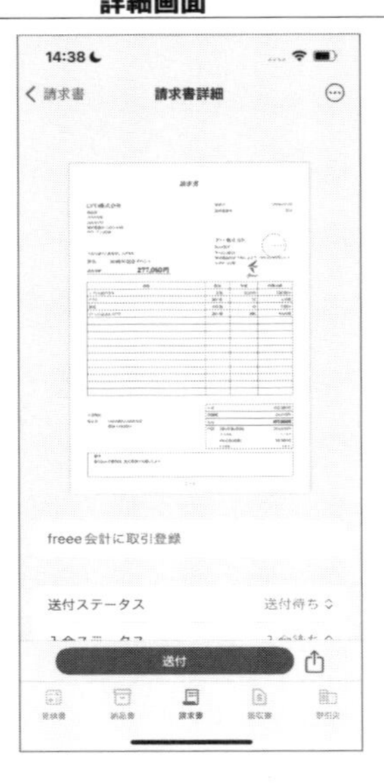

図2-5-e freee請求書アプリ iOS版：詳細画面

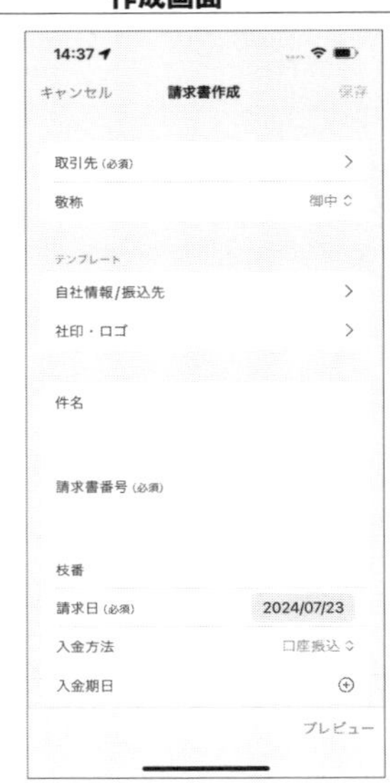

図2-5-f freee請求書アプリ iOS版：作成画面

図2-5-g freee請求書アプリ iOS版：詳細画面（ダークモード&文字サイズ拡大）

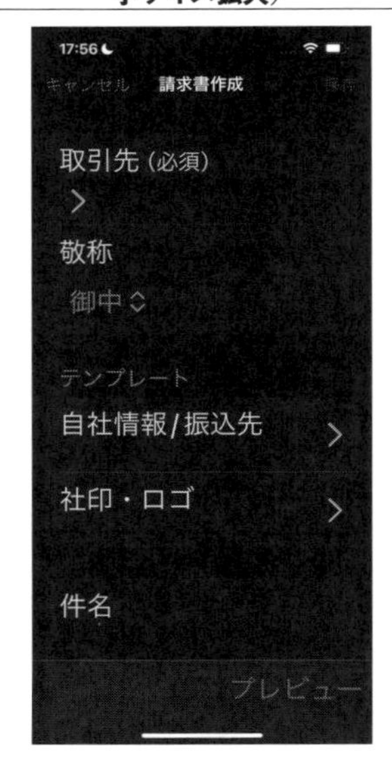

図2-5-h freee請求書アプリ iOS版：作成画面（ダークモード&文字サイズ拡大）

図2-5-i freee請求書アプリ Android版：詳細画面

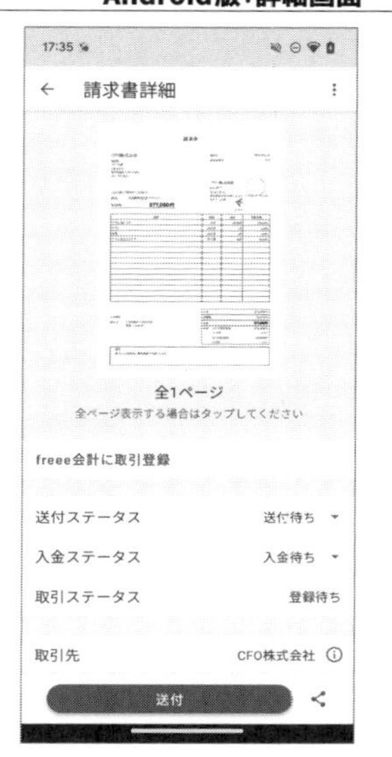

図2-5-j freee請求書アプリ Android版：作成画面

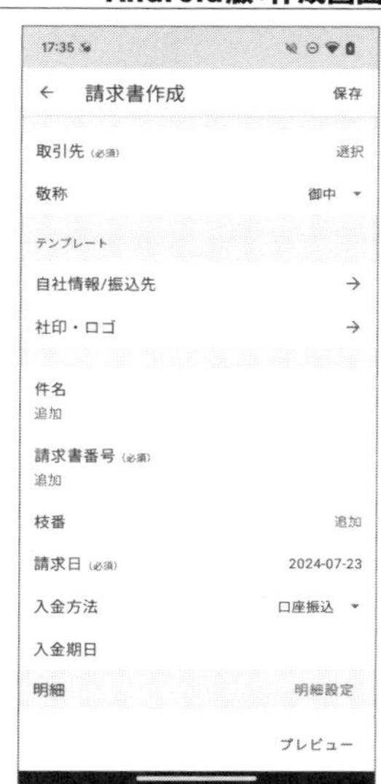

図2-5-k freee請求書アプリ Android版：詳細画面（ダークモード&文字サイズ拡大）

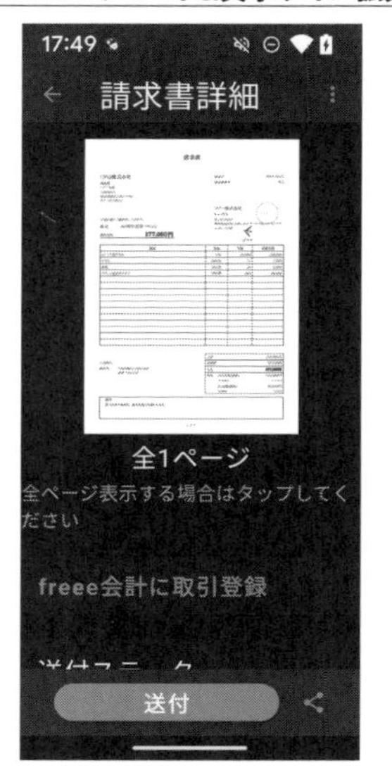

図2-5-l freee請求書アプリ Android版：作成画面（ダークモード&文字サイズ拡大）

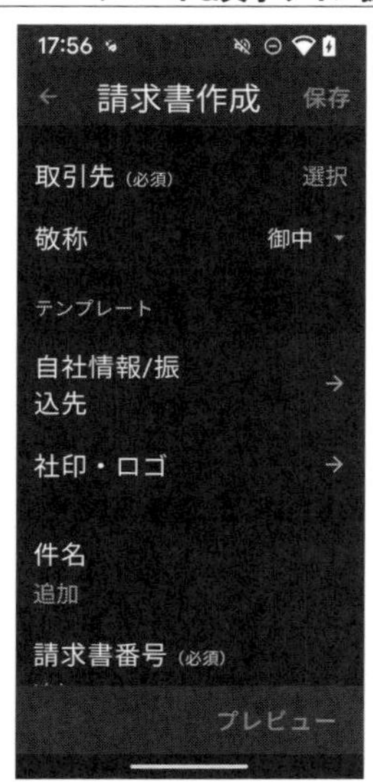

第3章

iOSのアクセシビリティ機能

本章ではiOSに備わっているアクセシビリティ機能を紹介します。iOSデバイス(iPadOSデバイスも含みます)は、すべてのユーザーが高品質な体験を得られるように、視覚、聴覚、身体、認知と、さまざまな機能のサポートを提供しています。どんなアクセシビリティ機能が提供されているのか、ぜひ手元で試しながらお読みください。なお、アクセシビリティ機能をすでにご存じで、アプリケーションの実装方法を知りたい方は第4章に進んでいただいてかまいません。

3.1 iOSのアクセシビリティ機能を体験しよう

実装方法の話に入る前に、本章ではiOSに備わっているアクセシビリティ機能を紹介します。iOSデバイス(iPadOSデバイスも含みます)は、すべてのユーザーが高品質な体験を得られるように、視覚、聴覚、身体、認知と、さまざまな機能のサポートを提供しています(**図3-1-1**)。

知っている機能、知らない機能、あるいは普段使用している機能もあるでしょう。おもしろい機能もあるので手元で試してください。ただし、機能によっては操作感が大きく変わるため、必ず次節の「**アクセシビリティ機能を試すための事前準備**」**をご覧になってからご利用ください。**

なお、アクセシビリティ機能をすでにご存じで、アプリケーションの実装方法を知りたい方は次章に進んでいただいてかまいません。

図3-1-1　WWDC18「Deliver an Exceptional Accessibility Experience」セッションの冒頭

3.2 アクセシビリティ機能を試すための事前準備

本章で紹介するアクセシビリティ機能は操作感を大きく変えるので、機能を無効にするのに非常に苦労する場合があります(機能をオフにする方法がわからず、端末を初期化したという話もあります)。本節では、簡単に機能を有効/無効にする設定を紹介します。事前に設定したうえで、アクセシビリティ機能を試してください。

ショートカットによる機能の有効/無効化

ショートカットを設定しておくと、簡単にすばやく機能の有効/無効化ができます(**図3-2-1**)。機能を気軽に試したいときはもちろん、アプリケーションの動作テストのときにも便利なので事前に設定しておきましょう。

図3-2-1　アクセシビリティ機能のショートカットの設定

く 戻る　ショートカット

アクセシビリティ機能のオンとオフを切り替えるには、構成してからサイドボタンをトリプルクリックします。

サイドボタンのトリプルクリック:

VoiceOver
AssistiveTouch
アシスティブアクセス
カラーフィルタ
✓ スイッチコントロール
ズーム機能
ホワイトポイントを下げる
音声コントロール

アクセシビリティ機能のショートカットの設定は、「設定」アプリ→「アクセシビリティ」→「ショートカット」(画面下部)をタップし、ショートカットを有効にしたい機能にチェックを入れます。ショートカットを呼び出す方法は、Face IDを搭載したiPhoneの場合は側面にあるサイドボタンを3回押し、そのほかのiPhoneの場合はホームボタンを3回押します。

1つの機能にチェックを入れてサイドボタン(またはホームボタン)を3回押すと、その瞬間に機能の有効/無効化ができます。一方、複数の機能にチェックを入れた場合、どの機能を有効(または無効)にするかシートが表示されます。操作感を大きく変えるVoiceOver、スイッチコントロール、アシスティブアクセス、アクセスガイドで機能を無効化したい場合、シート内の項目のチェックを外すことすら困難な場合があります。筆者のお勧めは、手軽に特定の機能を試したい場合は、その機能にのみチェックを入れ、サイドボタン(またはホームボタン)で即機能を無効化できるようにしておくことです。

コントロールセンターによる機能の有効/無効化

コントロールセンターは画面の上からスワイプ(ホームボタンがある場合は画面の下からスワイプ)して表示し、音量や明るさの調整、メディアの再生/停止などができる機能です。アクセシビリティ機能も一部に限定してですが、コントロールセンターで有効/無効化ができます。

コントロールセンターに表示する機能の設定は、「設定」アプリ→「コントロールセンター」でカスタマイズできます(**図3-2-2**)。利用可能なアクセシビリティ機能は、ダークモード、アクセスガイド、テキストサイズ、補聴器、アクセシビリティショートカットです。ショートカットに設定しておくほどでないが、ときどき有効/無効を切り替えたい機能を設定するとよいでしょう。

アクションボタンによる機能の有効/無効化

iPhone 15 ProおよびiPhone 15 Pro Maxには、着信/消音スイッチの代わりに任意の機能を呼び出せるアクションボタンが追加されました。

アクションボタンの設定は、「設定」アプリ→「アクションボタン」でできます（**図3-2-3**）。左右にスワイプすると「アクセシビリティ」が表示されるので「機能を選択...」から任意の機能を選んでください。iPhone 15 ProおよびiPhone 15 Pro Maxの場合は、機能へのアクセスが最も容易なアクションボタンを利用するのがよいかもしれません。

図3-2-2　コントロールセンターの設定

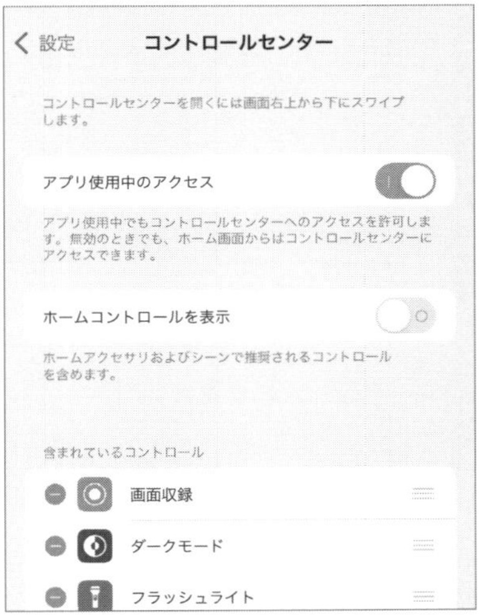

図3-2-3　アクションボタンの設定

3.3 視覚サポート

本節以降では、iOSが備えるアクセビリティ機能を視覚サポート、身体サポート、聴覚サポート、認知サポートに分けて紹介します。本節では視覚サポートを紹介します。

iOSデバイスの視覚サポートというと、一番に思い浮かべるのはVoiceOverではないでしょうか？　しかし、iOSデバイスには、視覚に障害のあるユーザーや弱視のユーザーをサポートする幅広い機能や技術が、VoiceOver以外にも搭載されています。表示やテキストの設定、画面やカーソル位置の拡大表示、さまざまなオプション機能が備わった画面読み上げ機能などです。たくさんの機能がありますが、アプリケーション開発に関係あるものに絞って紹介します。

VoiceOver

デバイスの操作感が大きく変わります。試す前に前述のショートカットの設定を必ず行ってください。

視覚サポートの代表的な機能としてVoiceOverがあります(**図3-3-1**)。VoiceOverは、iOSデバイスに内蔵されているスクリーンリーダーです。VoiceOverは全盲のユーザーだけでなく、弱視のユーザーも利用します。弱視のユーザーは、ズーム機能を利用しても文字サイズが小さかったり、つぶれて読みづらかったりする場合に、正確に情報を把握するために利用します。また、晴眼者である筆者も、画面上の文字を視覚に加えて聴覚で頭に入れるために利用したり、入力した文章に誤りがないかをチェックするために利用することもあります。

VoiceOverは「設定」アプリ→「アクセシビリティ」→「VoiceOver」で設定できます。前節で紹介したショートカットを設定していれば、サイドボタンまたはホームボタンを3回押すと有効にできます。

VoiceOverローターを使うと、任意のVoiceOverの動作を変更できます[注1]（**図3-3-2**）。VoiceOverの話すスピードを変えたり、1文字ずつ読み上げるようにしたり、見出しにジャンプしたりできます。VoiceOverユーザーにとって欠かせない機能です。VoiceOverローターを使うには、iOSデバイスの画面上で、ダイヤルを回すように2本指を回転させます（筆者は左手の親指を下方向に、右手の親指を上方向にスワイプして呼び出しています）。

VoiceOverローターが呼び出されると、1つ目のオプションにフォーカスがあたり、続けて指を回転させると次のオプションに切り替わります。読み上げ速度を調整したい場合には、オプションを切り替えながら「読み上げ速度」にフォーカスをあて、上下スワイプをします。読み上げ速度が5%刻みで変わります。

VoiceOverを有効にすると、日本語では左上にまずフォーカスがあたり、ハイライトされます。ハイライトされた部分が読み上げられ、左右のスワイプでフォーカスが移動します。実行可能なUI要素にフォーカスがあたると、「ボタン」や「テキストビュー」と読み上げられ、ダブルタップすると実行されます。タップターゲットを正確にとらえることができなくても、これらのスワ

注1　「iPhone、iPad、iPod touchのVoiceOverローターについて」
https://support.apple.com/ja-jp/HT204783

図3-3-1　VoiceOverの操作

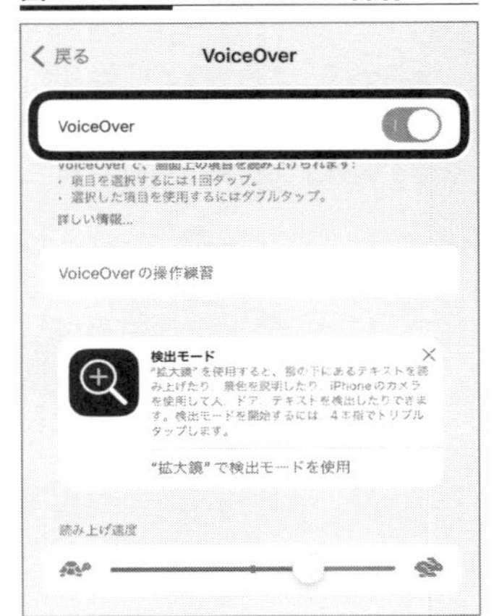

図3-3-2　VoiceOverローターの呼び出し

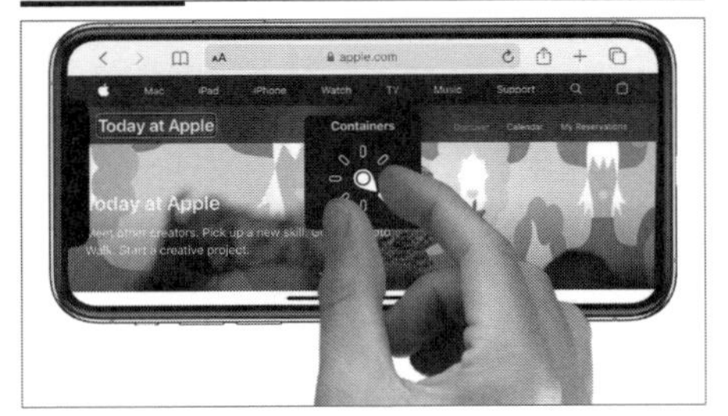

イプやダブルタップといったジェスチャは画面のどこでも操作できます。

そのほかにもたくさんのジェスチャがあるので、ぜひユーザーガイド[注2]を参考に試してください。

ズーム機能

ズーム機能は、画面内の情報が小さく見づらい場合に、一部分を拡大する機能です[注3](**図3-3-3**)。ズーム機能は3本指で操作します。拡大したいところを3本指でダブルタップ、画面内の移動は3本指でドラッグ、拡大倍

注2 「iPhoneでVoiceOverジェスチャを使用する」https://support.apple.com/ja-jp/guide/iphone/iph3e2e2281/ios 「How to navigate your iPhone or iPad with VoiceOver」https://www.youtube.com/watch?v=ROIe49kXOc8

注3 「iPhone画面で拡大する」https://support.apple.com/ja-jp/guide/iphone/iph3e2e367e/ios

図3-3-3　ズーム機能の操作

率を変更するには3本指でダブルタップしてドラッグをします。拡大のしかたは「ズーム領域」からフルスクリーンズームまたはウィンドウズームを選べます。フルスクリーンズームは画面全体が拡大され、ウィンドウズームは画面内の一部分が拡大されます。ズーム機能は、「設定」アプリ→「アクセシビリティ」→「ズーム」から設定できます。

文字を太くする

文字をはっきり見やすくするため、システム全体を太字にする機能として「文字を太くする」があります(**図3-3-4、図3-3-5**)。「設定」アプリ→「アクセシビリティ」→「画像表示とテキストサイズ」→「文字を太くする」から設定できます。

Dynamic Type

Dynamic Typeは、みなさんの中に実装した方もいるのではないでしょうか？ Dynamic Typeはデバイスのシステム全体のデフォルトのフォントサイズを変更できる機能です[注4](**図3-3-6**)。デバイス全体の文字サイズを任意

注4　「iPhoneでテキストサイズと拡大／縮小設定をカスタマイズする」https://support.apple.com/ja-jp/guide/iphone/iphd6804774e/ios

図3-3-4　「文字を太く」オフ

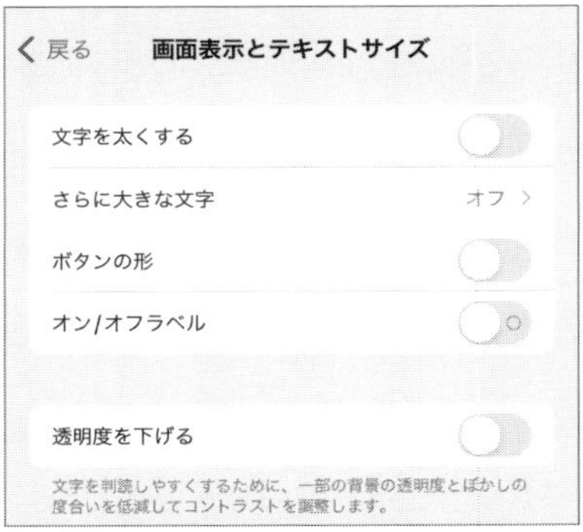

く 戻る
画面表示とテキストサイズ
文字を太くする
さらに大きな文字
オフ >
ボタンの形
オン/オフラベル
透明度を下げる
文字を判読しやすくするために、一部の背景の透明度とぼかしの度合いを低減してコントラストを調整します。

図3-3-5　「文字を太く」オン

く 戻る
画面表示とテキストサイズ
文字を太くする
さらに大きな文字
オフ >
ボタンの形
オン/オフラベル
透明度を下げる
文字を判読しやすくするために、一部の背景の透明度とぼかしの度合いを低減してコントラストを調整します。

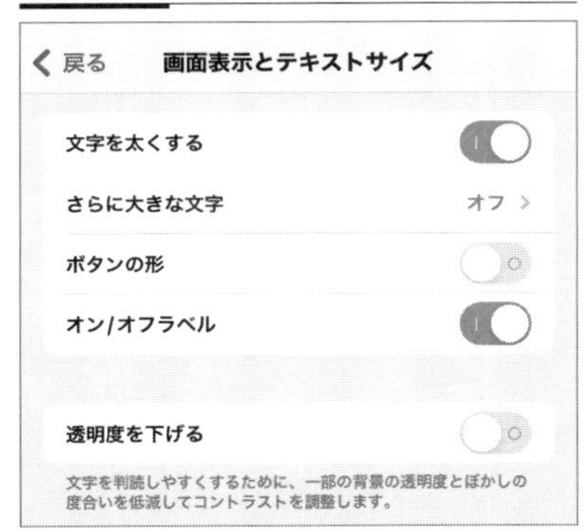

図3-3-6　Dynamic Typeによる文字サイズの拡大

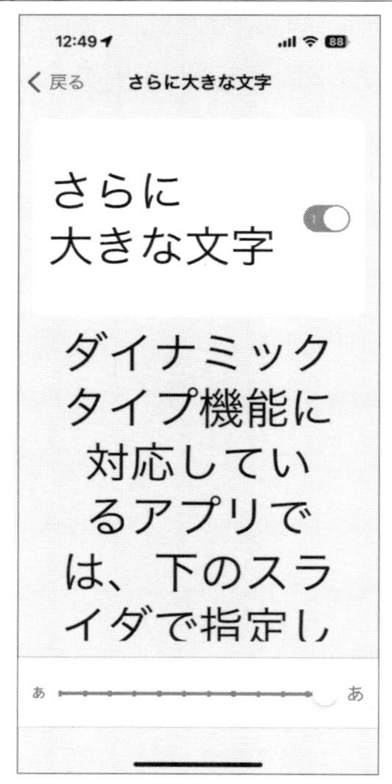

のサイズに調整したい場合は、「設定」アプリ→「アクセシビリティ」→「画面表示とテキストサイズ」→「さらに大きな文字」から設定できます。Dynamic Typeに対応しているアプリケーションでは、スライダーで指定したサイズに応じてテキストのサイズが変わります。

Dynamic Typeは大きな文字サイズを必要とするユーザーだけでなく、文字サイズを小さくすることで画面内に多くの情報を表示したい場合にも便利です。筆者の母もテキストサイズを大きくして文字を読みやすくしたり、筆者自身もテキストサイズを少し小さくして画面上の情報が多く表示されるようにしています。

オン／オフラベル

スイッチ（UISwitch）はデフォルトで色の違いでオン／オフを表します。

色の識別が難しいユーザーにとってはオン／オフの違いを判別することがむずかしい場合があります。iOSではそういった場合に備えて、スイッチにラベルを付けられます(**図3-3-7、図3-3-8**)。「設定」アプリ→「アクセシビリティ」→「画像表示とテキストサイズ」→「オン／オフラベル」から設定できます。

透明度を下げる

背景にぼかしが入っていると、コントラスト比が下がって文字が読みづらくなったり、前面と背面の判別が難しくなったりします。そのような場合に備えて、「透明度を下げる」という機能があります(**図3-3-9、図3-3-10**)。「設定」アプリ→「アクセシビリティ」→「画面表示とテキストサイズ」→「透明度を下げる」から設定できます。

わかりやすいのは、通知センターです。通常、背面にある情報にぼかしが入り、その上に通知センターのボタンが並んで表示されますが、「透明度を下げる」がオンになっていると、ぼかしがなくなります。

また、ホーム画面のアプリケーションのフォルダは、通常、背面のホームにあるアプリケーションがぼかされて、前面にフォルダ内のアイコンが並びますが、「透明度を下げる」がオンになっていると、背面のホームやフォルダのぼかしはなくなります。

図3-3-7　「オン／オフラベル」オフ

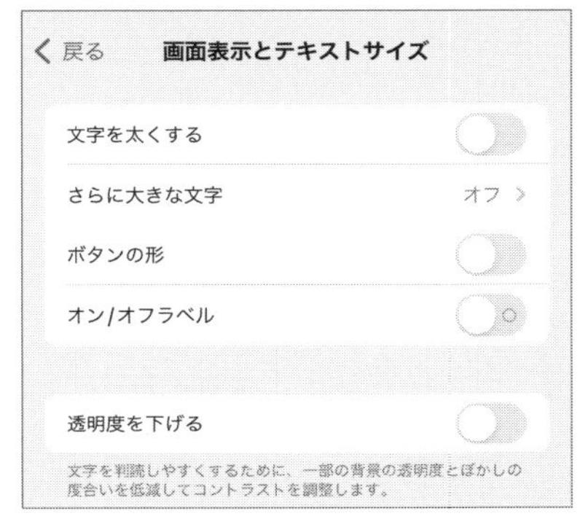

図3-3-8　「オン／オフラベル」オン

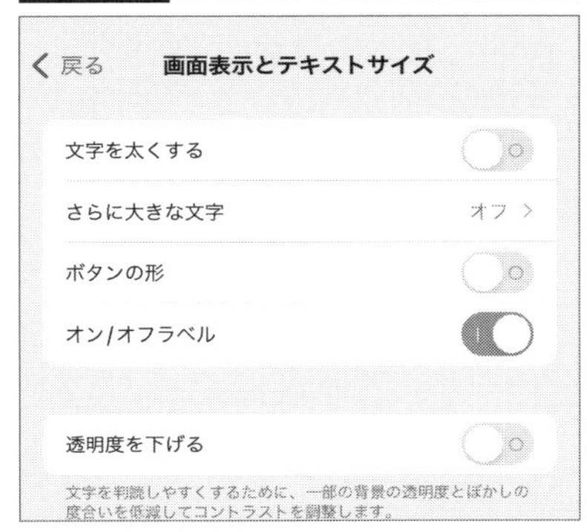

図3-3-9　「透明度を下げる」オフ

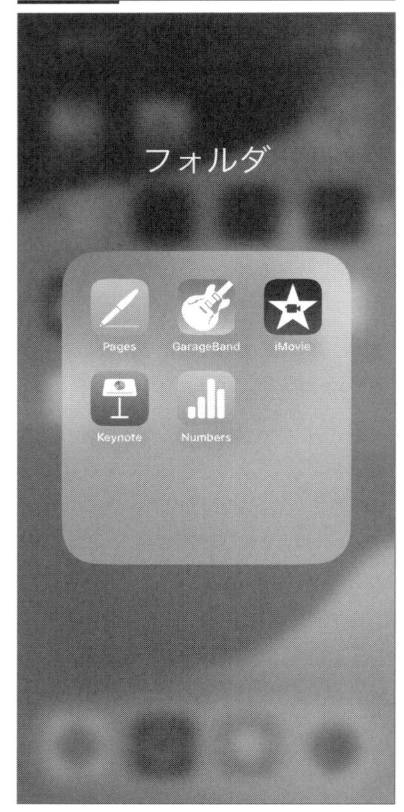

図3-3-10　「透明度を下げる」オン

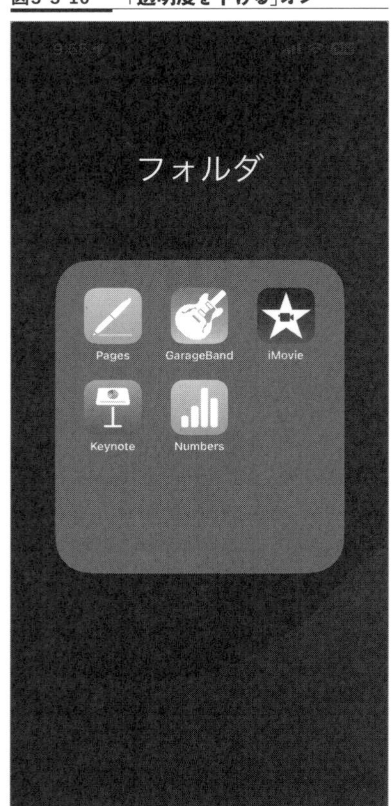

ダークモード

Dynamic Typeと並んでダークモードも、実装した方は多いのではないでしょうか。ダークモードはシステム全体の外観設定で、暗いカラーパレットを使用して周囲が暗くても画面を見やすくできます[注5]（**図3-3-11**、**図3-3-12**）。ダークモードは、後述の「色の反転」と同様、視覚過敏のように明るい色や光に強くストレスを感じる方にとって、画面内の明るさを減らせるので有効です。「設定」アプリ→「画面の表示と明るさ」→「外観モード」から設定できます。

注5　「iPhoneやiPadでダークモードを使う」https://support.apple.com/ja-jp/108350

コントラストを上げる

ロービジョンの方は、テキストや画像の表示色と背景色のコントラスト比が低いと、情報を読み取ることが困難になることがあります。また、ロービジョンの方でなくても、直射日光の照り返しで画面が見づらいことがあります。そのような場合のために、前景色と背景色との間のコントラスト比を高くする機能が備わっています(**図3-3-13**、**図3-3-14**)。「設定」アプリ→「アクセシビリティ」→「画面表示とテキストサイズ」→「コントラストを上げる」から設定できます。

図3-3-11　ライトモード

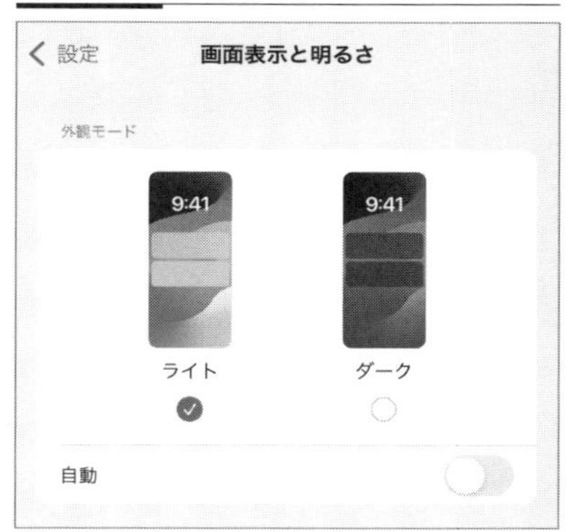

設定
画面表示と明るさ
外観モード
9:41
9:41
ライト
ダーク
自動

図3-3-12　ダークモード

設定
画面表示と明るさ
外観モード
9:41
9:41
ライト
ダーク
自動

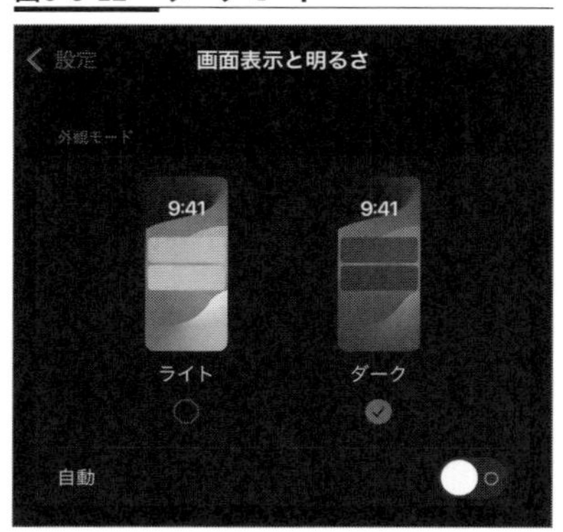

図3-3-13　「コントラストを上げる」オフ

戻る
画面表示とテキストサイズ
文字を太くする
さらに大きな文字
オフ
ボタンの形
オン/オフラベル
透明度を下げる
文字を判読しやすくするために、一部の背景の透明度とぼかしの度合いを低減してコントラストを調整します。
コントラストを上げる
アプリケーションの前景色と背景色との間のカラーコントラストを上げます。

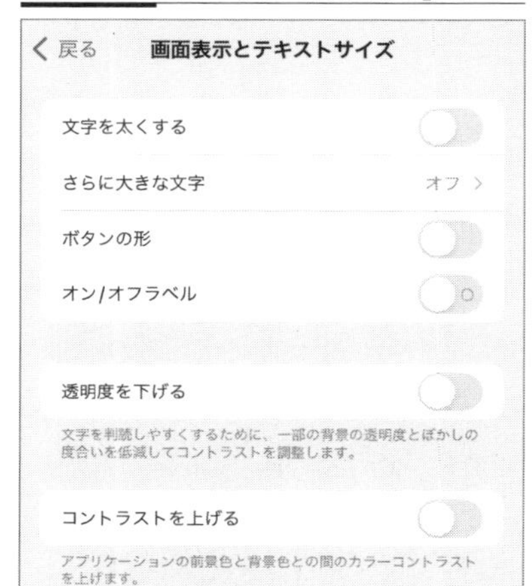

図3-3-14　「コントラストを上げる」オン

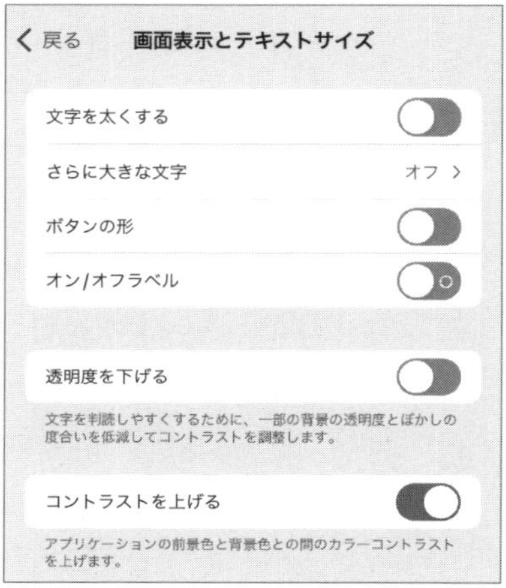

戻る
画面表示とテキストサイズ
文字を太くする
さらに大きな文字
オフ
ボタンの形
オン/オフラベル
透明度を下げる
文字を判読しやすくするために、一部の背景の透明度とぼかしの度合いを低減してコントラストを調整します。
コントラストを上げる
アプリケーションの前景色と背景色との間のカラーコントラストを上げます。

カラー以外で区別

色を用いた表現として、フォームの必須項目のラベルを赤色で表示したり、リンクやボタンなどタップできることを色を変えて示すことがあります。色を用いた表現そのものには問題はありません。しかし、その意味するところが色の違い以外の手段で表現されていないと、色弱者や視覚障害者にその意図が伝わりません。

そのような場合のために、色と併用してほかの視覚要素を用いて情報を区別できるようにする機能が備わっています注6。「設定」アプリ→「アクセシビリティ」→「画面表示とテキストサイズ」→「カラー以外で区別」から設定できます。

色の反転

ほとんどのアプリケーションが、明るい背景に暗いテキストを提供しています。色の反転は、それを反転させることでコントラストを上げ、テキストを目立つようにできます注7（**図3-3-15、図3-3-16**）。また、視覚過敏のように明るい色や光に強いストレスを感じる方にとっても、画面内の明

注6　「iPhoneに表示されるカラーを変更して画面上の項目を見やすくする」https://support.apple.com/ja-jp/guide/iphone/iph3e2e1fb0/ios

注7　「画面表示とテキストサイズの設定を使う」https://support.apple.com/ja-jp/111773

図3-3-15　反転（スマート）

図3-3-16　反転（クラシック）

るさを減らせるので有効です。ダークモードをサポートしたアプリケーションも増えていますが、未対応のアプリケーションがあったり、Webサイトも未対応のものが多いため、色の反転は重要な機能の一つです。

「設定」アプリ→「アクセシビリティ」→「画面表示とテキストサイズ」→「反転(スマート)」または「反転(クラシック)」から設定できます。反転(クラシック)は画面上の色をすべて反転させます。反転(スマート)は画面上の色を反転させますが、画像やメディア、暗色系のスタイルのアプリケーションは除外されます。

カラーフィルタ

色覚特性がある場合、カラーフィルタを使うと色の違いが見分けやすくなります(**図3-3-17**)。カラーフィルタを使うと、写真や映画の見た目が変わるので、必要に応じて設定を有効にしてください。「設定」アプリ→「アクセシビリティ」→「画面表示とテキストサイズ」→「カラーフィルタ」から設定できます。

視差効果を減らす

アニメーションは、めまいや吐き気を引き起こす可能性があります。ADHD(注意欠陥・多動性障害)やASD(自閉スペクトラム症)といった障害の方にとっては、気が散ったり動揺させることにつながることがあります。

図3-3-17　カラーフィルタ

そのような場合に「視差効果を減らす」は有効です。

「設定」アプリ→「アクセシビリティ」→「動作」→「視差効果を減らす」から設定できます。たとえば、アプリケーションを起動するときやホームへ戻るときのアニメーションが、フェードイン／アウトに切り替わります。

選択読み上げ

「設定」アプリ→「アクセシビリティ」→「読み上げコンテンツ」→「選択項目の読み上げ」を有効にしてテキストを選択すると、「コピー」や「選択部分を検索」に加えて「読み上げ」という項目が追加されます(**図3-3-18**)。「読み上げ」をタップすると選択中のテキストが読み上げられます。

画面読み上げ

「画面読み上げ」は、VoiceOverのようなデバイスそのものを操作する機能は除いた、簡易的なスクリーンリーダーです(**図3-3-19**)。「設定」アプリ→「アクセシビリティ」→「読み上げコンテンツ」→「画面の読み上げ」から設定

図3-3-18　選択読み上げ

図3-3-19　画面読み上げ

できます。有効にして、2本指で画面上部から下にスワイプすると読み上げが始まります。読み上げコントローラが表示され、画面の左上から右下にかけてコンテンツを順々に画面下部まで読み上げます。

3.4 身体サポート

iPhoneやiPadなどのタッチデバイスは、画面をタップしながら操作することが前提となっていますが、上肢障害の方にはそれが難しい場合があります。上肢障害とは、腕・手・肩・肘、または手指などの上肢(肩から指先までの部分)に起因した障害を指します。具体的な症状や程度は、手の震えなどにより指がうまく動かしにくい、肩・肘・手首などの関節がうまく動かせない、腕全体に力が入らないなどさまざまです。これらの症状があると複数の指を使用してデバイスを操作するジェスチャーが困難だったり、タップする操作も難しい場合があります。

身体をサポートをするアクセシビリティ機能は、上肢障害の程度に応じて複数提供されています。障害の有無にかかわらず便利な機能もたくさんあるので、ショートカットを設定したうえでぜひ試しながらお読みください。

AssistiveTouch

AssistiveTouch[注8]は、画面のタッチやボタンを押すことが困難なさまざまな状況で役立ちます。

- **画面の一部が割れてしまい、タップやスワイプができない**
- **ホームボタンや音量ボタン、スリープボタンなどの物理ボタンが故障し、反応しない**
- **画面サイズが大きすぎて画面上部に指が届かない**
- **指の麻痺や筋力の低下、振戦、パーキンソン病などにより、タップジェスチャ**

注8 「iPhone、iPad、iPod touchでAssistiveTouchを使う」https://support.apple.com/ja-jp/111794

の操作が難しい

こういった場合に、AssistiveTouchによって代替の操作方法ができます(**図3-4-1**)。スクリーンショットの撮影など、普段使っている操作をより簡単に呼び出したいときにも便利です。

「設定」アプリ→「アクセシビリティ」→「タッチ」→「AssistiveTouch」から設定できます。有効にすると、機能を呼び出すボタンが表示されます。デフォルトではメニューが表示され、通知センターやSiri、ホーム、デバイスの物理操作が呼び出せます。任意のジェスチャを登録して呼び出したりなど、さまざまなカスタマイズができます。

スイッチコントロール

デバイスの操作感が大きく変わります。試す前に前述のショートカットの設定を必ず行ってください。

スイッチコントロールでは、スイッチ、ジョイスティック、キーボードのスペースバー、トラックパッドなど、さまざまな適応デバイスを使用してアプリケーションを操作できます(**図3-4-2**)。ユーザーは、各UI項目をスキャ

図3-4-1　AssistiveTouchのメニュー表示

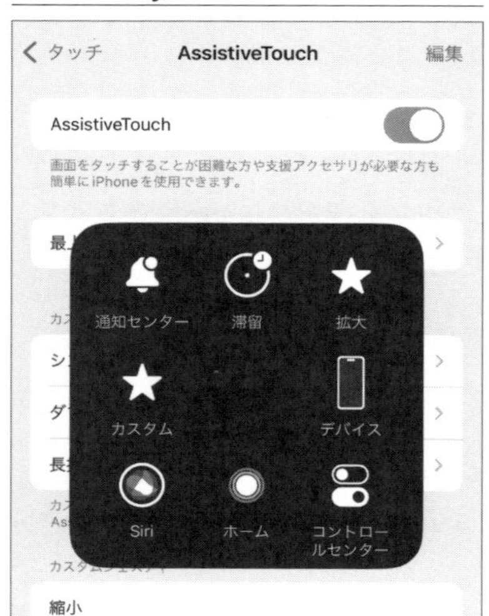

図3-4-2　項目モードでのスイッチコントロールの操作

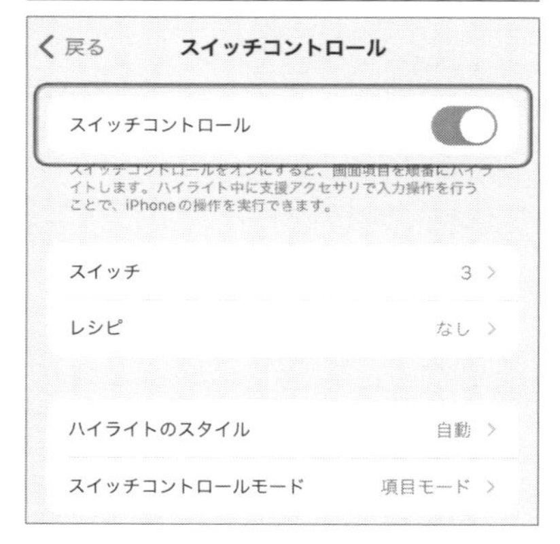

ンしてアプリケーションを操作できます。手動でスイッチを有効にするか、インタフェースを自動でスキャンすることで可能です。目的の項目が選択されると、ユーザーはデバイスで適切なアクションを実行できます。

前述のAssistiveTouchは、指の動きに制限がある場合に適した機能です。より重度の身体的な障害があり、タッチ操作が困難な場合には、スイッチコントロールが適しています。筋ジストロフィーや筋萎縮性側索硬化症(ALS)による筋力の低下や、パーキンソン病や片麻痺による運動障害などに有効な場合があります。

スイッチコントロールでは3つの操作モードが提供されます(**図3-4-3**)。

- **項目モード**
  あらかじめ操作方法として登録した「タップ」や「次の項目へ移動」に応じて、UIの要素を順番にハイライトしながら操作するモード
- **グライドカーソル**
  上下、左右に移動するハイライトの十字カーソルを使用して、画面上のポイントを選択しながら操作するモード(ゲームセンターにあるUFOキャッチャーをイメージするとわかりやすいでしょう)
- **ヘッドトラッキング**
  フロントカメラを使用して頭の動きを検出し、画面上のカーソルを操作するモード

初めて操作する場合は、最も直感的な「ヘッドトラッキング」モードをお勧めします(**図3-4-4**)。「設定」アプリ→「アクセシビリティ」→「スイッチコントロール」から設定できます(繰り返しますが、必ず事前にショートカッ

図3-4-3　スイッチコントロールのモード選択画面

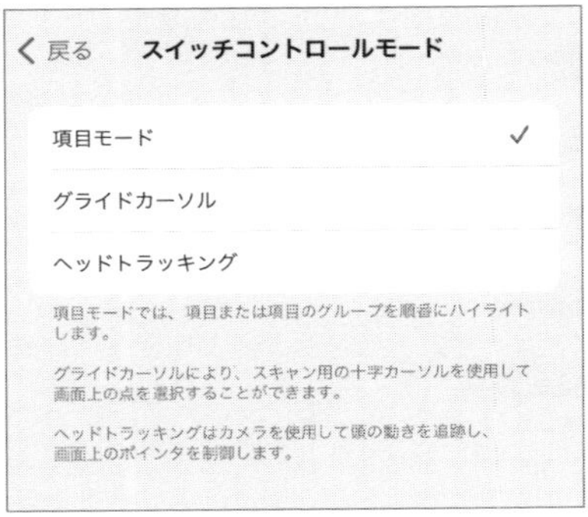

＜ 戻る　スイッチコントロールモード

項目モード ✓
グライドカーソル
ヘッドトラッキング

項目モードでは、項目または項目のグループを順番にハイライトします。

グライドカーソルにより、スキャン用の十字カーソルを使用して画面上の点を選択することができます。

ヘッドトラッキングはカメラを使用して頭の動きを追跡し、画面上のポインタを制御します。

図3-4-4　ヘッドトラッキングモードによるスイッチコントロールの操作

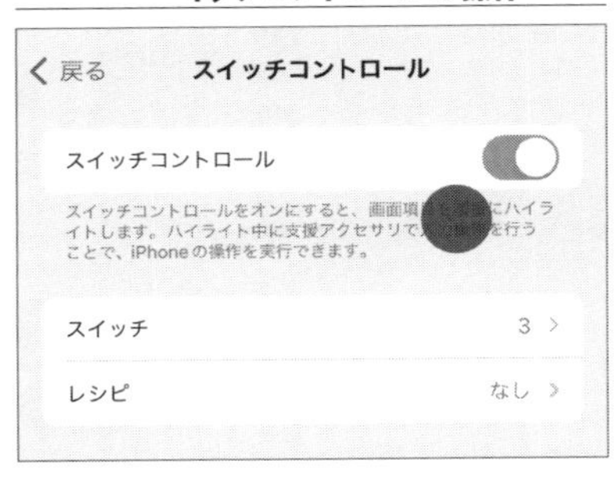

トの設定をしてください)。公式ヘルプページ[注9]を読み、十分理解したうえ試してください。

音声コントロール

音声コントロールは声だけでiOSデバイスを操作する機能です[注10]。「タップ」、「スワイプ」、「入力」などのコマンドを言って、ジェスチャを実行する、画面要素を操作する、テキストを入力・編集するなどの操作ができます。iOS 13でリリースされ、iOS 15.4で日本語がサポートされました。運動障害や筋力の低下、神経系の疾患で手を使うことが困難な場合でも、音声で操作できます。また、料理中や運転中にデバイスを操作することもできます。

「設定」アプリ→「アクセシビリティ」→「音声コントロール」から設定できます。機能を有効にすると、ボタンやテキストフィールドなどのUIコントロールにラベルが表示されます(**図3-4-5**)。ある項目をタップしたい場合

注9 「iPhoneでスイッチコントロールを設定してオンにする」https://support.apple.com/ja-jp/guide/iphone/iph400b2f114/ios

注10 「音声コントロールを使ってiPhoneを操作する」https://support.apple.com/ja-jp/guide/iphone/iph2c21a3c88/ios

図3-4-5　音声コントロールのラベルの表示

は「○○○タップ」、スクロールしたい場合は「下にスクロール」と言います。テキストを入力する場合は、テキストフィールドにフォーカスがあたっている状態で行います。音声コントロールのスイッチのすぐ下のセルに「音声コントロールガイドを開く」というオンボーディングがあります。とてもわかりやすいので操作方法を学習してみてください。

3.5 聴覚サポート

聴覚障害における音の聞き取りにくさは軽度のものから重度のものまでさまざまですが、iOSデバイスには音を聞こえやすくしたり、音を聞かずに人々とコミュニケーションができるようにする機能が備わっています。音声や動画を用いて情報を伝えるアプリケーションでは重要なサポート機能ですので、ぜひ試しながらお読みください。

ヒアリングデバイス／補聴器

AppleのMFi（*Made for iPhone/iPad/iPod*）と呼ばれる規格に準拠した、MFi補聴器と呼ばれる補聴器があります。iOSデバイスとBluetoothでペアリングして利用するものです。補聴器から聞こえる音声をユーザーの聴覚ニーズに合わせてカスタマイズできます（**図3-5-1**）。たとえば、外出時やレストランなど雑音が多い環境に入ったときに、かかりつけの聴覚専門医が提案する環境プリセットをすばやく適用できます。

「設定」アプリ→「アクセシビリティ」→「ヒアリングデバイス」からMFi補聴器のペアリングができます（**図3-5-2**）。

モノラルオーディオ

モノラルオーディオを有効にすると、すべてのオーディオのステレオは無効になります。モノラルオーディオは、片側の耳が聞きにくい（または聞こえない)といった場合に利用されます。「設定」アプリ→「アクセシビリティ」→「オーディオとビジュアル」→「モノラルオーディオ」から設定できます。

字幕

字幕にはさまざまな用途があります。映像内の話者の言語が外国語だった場合に母国語で視聴したい、視聴環境が騒がしく音声だけでの理解が困難な場合に文字で理解したい、聴覚障害者や難聴者が映像の内容を視覚によって理解したいなどです(**図3-5-3**)。「設定」アプリ→「アクセシビリティ」→「標準字幕とバリアフリー字幕」→「クローズドキャプション+SDH」で字幕が有効だった場合に表示されます。

図3-5-1　ヒアリングデバイスのカスタム設定

図3-5-2　ヒアリングデバイスのペアリング

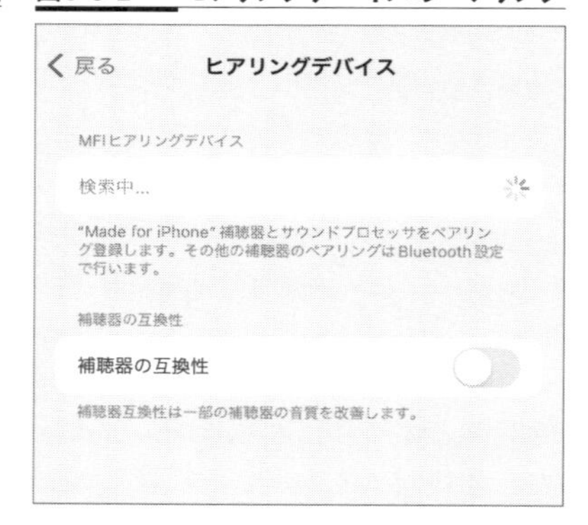

図3-5-3　WWDCのセッションでの字幕の表示

3.6 認知サポート

iOSデバイスには、障害の有無にかかわらず集中力を維持したり、効率的に作業をこなすための認知機能をサポートする機能が備わっています。前述の「視差効果を減らす」機能や読み上げの機能も認知機能のサポートに役立ちます。そのほかにもさまざまな機能がありますが、本節ではアプリケーション開発に影響のあるアクセスガイドを紹介します。

アクセスガイド

アクセスガイドは、特定の1つのアプリケーションしか利用できないよう制限する機能です(**図3-6-1**)。アクセスガイドの用途はさまざまです。飲

図3-6-1　**アクセスガイドの設定**

食店で注文用アプリケーションのみの利用に制限したい場合や、会社説明や展示会などのブースでデモを見せる場合、学習塾で学習アプリケーションのみを利用させたい場合などに利用できます。自閉症やそのほかの注意力や知覚に障害のあるユーザーが、目の前の作業に集中するためにも利用できます。肢体障害のユーザーが、意図せず画面に触れて誤操作してしまうのを防止するためにも利用できます。

アクセスガイドは、「設定」アプリ→「アクセシビリティ」→「アクセスガイド」から設定できます。必要に応じてパスワードの設定や時間制限の設定をします。次に、使いたいアプリケーションを開いた状態でサイドボタン（またはホームボタン）をトリプルクリックします。アクセスガイドのメニューが表示され、開始ボタンをタップするとアクセスガイドの機能が有効になります。

第4章 iOSアプリでアクセシビリティ機能を実装する

本章では、第3章で紹介したアクセシビリティ機能をiOSアプリで生かすための実装方法を解説します。標準コンポーネントを用いたシンプルな構成のアプリケーションであれば、追加の実装は不要なこともあります。ですが、カスタムなコンポーネントや複雑な構成の画面を作らざるをえない場合には、適切な実装が必要になる場合があります。難しい実装はありませんが、挙動のイメージがつかみくいこともあるかもしれません。手元の環境でコードを動かしながらお読みください。

4.1 VoiceOverの基本API

本節では、UI要素にフォーカスをあてたり、UI要素のラベルを使って端末を操作したりする、VoiceOverで利用される基本的なAPIを紹介します。これらのAPIはVoiceOverだけでなく、スイッチコントロール、音声コントロールにも利用されます。

UIKitやSwiftUIのボタンやスイッチ、セグメントコントロールといった標準コンポーネントを用いたシンプルな構成のアプリケーションであれば、多くのケースでは意図どおり読み上げられます。ですので、なるべくカスタムなコンポーネントは作らないようにしましょう。

実装の都合上、カスタムなコンポーネントを作らざるをえなかったり、複雑な構成の画面を作らざるをえない場合には、以下で紹介するプロパティに適切な値を設定して、正しく情報が伝わるよう補足しましょう。

本節で紹介する基本APIは、UIKit、SwiftUIそれぞれにあらかじめ用意されています。UIKitの場合、`UIAccessibility`というプロトコルに定義されており、SwiftUIにもModifierが用意されています。それぞれ重複を避けつつ紹介します。

accessibilityLabel――ラベル

`accessibilityLabel`は、UI要素を識別する簡潔なラベルを示すプロパティです。UIKitのControlやViewには前述のとおりデフォルトでラベルがセットされています。`UISwitch`は「切り替えボタン」、`UITextFiled`は「テキストフィールド」と読み上げられます。`UIButton`はボタンのタイトルがデフォルトで読み上げられます。

ただし、カスタムなControlやViewを実装する場合や、以下のコードのような画像のみのボタンの場合は適切なラベルをセットする必要があります。

```
struct ContentView: View {
    @State private var isLike = false
    var body: some View {
        VStack {
            // 画像のみのボタン
            Button(action: {
                isLike.toggle()
            }) {
                Image(systemName: isLike ? "heart.fill" : "heart")
            }
            .accessibilityLabel(isLike ? "いいねを取り消す" : "いいね")
            .padding()
        }
    }
}
```

accessibilityTraits——特徴

accessibilityTraitsは、UI要素の種類、状態、実行可否などの特徴を示すプロパティです。UIButtonにはbutton(ボタン)、UIPageControlにはadjustable(変更可能)がデフォルトでセットされており、読み上げてくれます。

ただし、UIViewにUITapGestureRecognizerを追加してタップをハンドリングしたカスタムなボタンだと、accessibilityTraitsは空になります。フォーカスをあてててもボタンと読み上げられないため、自前でaccessibilityTraitsを設定する必要があります。そのため、なるべくカスタムなボタンは作成せず、標準のコンポーネントのUIButtonなどを使用するようにしましょう。

またaccessibilityTraitsには複数の値をセットできます(**表4-1-1**)。たとえばUISegmentControlで選択中のセグメントがあったとします。このセグメントにはselected(選択中)とbutton(ボタン)の2つの値がセットされていて、フォーカスがあたると「選択中 ボタン」と読み上げられます。

表4-1-1　accessibilityTraitsにセットできる値

セットできる値	読み上げ	用途
button	ボタン	ボタン要素で使用
link	リンク	Webページに遷移するリンクで使用
image	画像	画像要素で使用
searchField	検索フィールド	通常のテキストフィールドと区別する。テキストの入力によりUIが更新されることをユーザーに示唆する
toggleButton	切り替えボタン	UISwitchなどトグルするボタンで使用
keyboardKey	キーボードキー	カスタムな入力コントローラなどで使用され、キーの直接入力を可能
staticText	—	静的な値の変更のないテキストで使用
header	見出し	画面内の見出しとなる要素で使用。見出し要素はVoiceOverローターで「見出し」に合わせると見出しのみにジャンプ可能
tabBar	タブバー	タブバーで使用
summaryElement	サマリ要素	複数要素にまたがった情報をまとめる場合に使用。標準の天気アプリケーションの上部で使用されている
selected	選択	UISegmentControlやUITableViewCellなど選択中の要素で使用
nonEnabled	無効	タップ無効なコンポーネントで使用。UIControlを継承しているコンポーネントで、isEnabledにfalseがセットされると自動でセットされる
adjustable	調整可能	スライダーやピッカーといった値の調整をするコンポーネントで使用。日付を選択するUIDatePicker(.wheels)はデフォルトでセットされる
allowsDirectInteraction	—	ピアノなどタップと同時にインタラクションが必要なコンポーネントで使用
updatesFrequently	頻繁な更新	時計やタイマーなど定期的に値が変わるコンポーネントで使用
causesPageTurn	—	電子書籍アプリケーションなどで本のページめくりを自動にしたい場合に使用
playsSound	—	音を鳴らす要素などでVoiceOverの発話を停止させたいときに使用
startsMediaSession	—	録音アプリケーションなどで録音中にVoiceOverの発話を停止させたいときに使用

accessibilityHint——ヒント

accessibilityHintは、アクションの実行結果を補足するヒントを示すプロパティです。accessibilityLabelやaccessibilityTraitsでは実行結果がわかりにくい場合などに、ユーザーの理解を補足するために使用します。たとえばUISwitchの場合はデフォルトでaccessibilityHintがセットされており、「ダブルタップして設定を切り替えます」と読み上げられ、タップした際の挙動を補足します。

ただし、accessibilityHintは設定で読み上げを無効にできてしまったり、読み上げる前に次の要素にフォーカスを移動されてしまうこともあります。できるだけaccessibilityLabelのみで情報を伝えられるよう設計しましょう。

```
struct ContentView: View {
    @State private var isLike = false
    var body: some View {
        VStack {
            Button(action: {
                isLike.toggle()
            }) {
                Image(systemName: isLike ? "heart.fill" : "heart")
            }
            .accessibilityLabel(isLike ? "いいねを取り消す" : "いいね")
            .accessibilityHint(isLike ? "この投稿のいいねを取り消します" : "
この投稿をいいねします")
            .padding()
        }
    }
}
```

accessibilityValue——値

accessibilityValueは、UI要素の値を示すプロパティです。UITextFieldに入力されたテキスト、UIProgressViewやUISliderの現在の値、UISwitchのオン／オフの値などが該当します。前述のほかのプロパティと同様、カスタムなコンポーネントを作る場合には独自に値を設定する必要があります。

```
volumeButton.accessibilityValue = "100"
```

accessibilityLabelBlock――ブロック

accessibilityLabelBlockは、ステートに応じて動的に値を変更できるプロパティです(同等のBlockのプロパティは、accessibilityTraits、accessibilityHint、accessibilityValue用にもあります)。

前述したaccessibilityLabel(またはaccessibilityTraits、accessibilityHint、accessibilityValue)でも動的に値を変更することはできますが、ステートを監視して再セットする必要があり、少し面倒な場面もあります。accessibilityLabelBlockを使うと、ブロック構文でステートに応じた値を返すことができます。

```
mySwitchLabel.accessibilityLabelBlock = {
    isOn ? "スイッチはオンです" : "スイッチはオフです"
}
```

accessibilityFrame――フレーム、座標

accessibilityFrameは、VoiceOverやスイッチコントロールといった支援技術に対して、要素のフォーカスがあたった際の境界を示すプロパティです。任意のフレームや座標に変更したい場合には、accessibilityFrameの値を書き換えることができます。また、UIViewのサブクラスでない場合はCGRectZeroがデフォルトの値となっているため、アプリケーション側で適切な値を設定する必要があります。

```
var f = myView.accessibilityFrame
f.size = CGSize(width: f.width + 10, height: f.height + 10)
myView.accessibilityFrame = f
```

isAccessibilityElement――要素の非表示

isAccessibilityElementは、支援技術からアクセスできるアクセシビリティ要素かどうかを示すブール値です。たとえば、UIImageViewはデフォルトではファイル名が読み上げられてしまうため、accessibilityLabelを使用して代替テキストを設定する必要があります。ですが、イラストなどアプリケ

ーションを使用するうえで装飾となるような画像についてはアプリケーションを操作するうえでノイズになり得るため、isAccessibilityElementにtrueを設定し、支援機能からのアクセスを制御します。

プロパティ名は、UIKitではisAccessibilityElement、SwiftUIではaccessibilityHiddenです。

```
struct ContentView: View {
    var body: some View {
        VStack {
            Image(name: "MyImage")
                .accessibilityHidden(true)
            Text("こんにちわ")
        }
        .padding()
    }
}
```

4.2 VoiceOver操作を制御するAPI

前節の「VoiceOverの基本API」で紹介したプロパティだけでは、最低限情報を得たり操作したりすることはできますが、使いやすいアプリケーションというにはまだほど遠いかもしれません。より使いやすく、かゆいところに手が届くAPIがいくつも提供されています。アクセシブルなアプリケーションを提供するにあたって欠かせないAPIなので、ぜひおさえておきましょう。

accessibilityElements——読み上げ順序の制御

VoiceOverでは左上から右下に読み上げがされます。ですが、コンポーネントのレイアウトによっては意図した順序で読み上げられなかったり、もしくは見た目のままでなく優先度に応じて読み上げさせたいことがあります。そのような場合、accessibilityElementsを実装すると任意の順序で読み上げられます。

```
class PostDetailView: UIView {
    @IBOutlet weak var postDateLabel: UILabel!
    @IBOutlet weak var postTextView: UITextView!
    @IBOutlet weak var profileIcon: UIImageView!
    @IBOutlet weak var userNameLabel: UILabel!
    override var accessibilityElements: [Any]? {
        set { }
        get {
            return [
                profileIcon,
                userNameLabel,
                postTextView,
                postDateLabel,
            ]
        }
    }
}
```

accessibilityElementIsFocused ——VoiceOver開始／終了の検知とフォーカス制御

VoiceOverの開始／終了や、要素にフォーカスがあたっているかを判別したり、フォーカスがあたったタイミングをトリガに対象のアクセシビリティ要素を強調させたいなどといった場合に、以下のようなメソッドが使用できます。

```
class MyButton: UIButton {
    func doSomething() {
        // フォーカスがあたっているかを返す
        let isFocused = accessibilityElementIsFocused()

        // VoiceOver or スイッチコントロールの
        // どちらの支援技術のフォーカスがあたっているかを返す
        let assistiveTechnologyIdentifier = accessibilityAssistiveTechnologyF
ocusedIdentifiers()
    }

    override class func accessibilityElementDidBecomeFocused() {
        // フォーカスがあたった
    }

    override class func accessibilityElementDidLoseFocus() {
        // フォーカスが外れた
    }
}
```

```
class MyViewController: UIViewController {
    override func viewDidLoad () {
        super.viewDidLoad ()
        // VoiceOverの開始／終了のステータスを受け取る
        NotificationCenter.default.addObserver(self, selector: #selector(didCh
angeVoiceOverStatus), name: UIAccessibility.voiceOverStatusDidChangeNotificat
ion, object: nil)
    }

    @objc func didChangeVoiceOverStatus () {
        if UIAccessibility.isVoiceOverRunning {
            // VoiceOverが有効だった場合の処理
        }
    }
}
```

accessibilityCustomActions——利用頻度の高いアクションをすばやく実行

カスタムアクションを使用すると、支援技術ユーザーが利用頻度の高いアクションなどにすばやくアクセスできます。スイッチコントロールでは、対象のアクセシビリティ要素にフォーカスがあたると表示されるメニューに、アクションが追加されます。VoiceOverでは「利用可能なアクション」と読み上げられ、VoiceOverローターから任意のアクションを実行できます。

```
postView.accessibilityCustomActions = [
    .init(name: "返信") { _ in
        self.reply()
        return true
    },
    .init(name: "いいね！") { _ in
        self.like()
        return true
    },
    .init(name: "シェア") { _ in
        self.share()
        return true
    }
]
```

accessibilityCustomRotors──目的の情報へすばやくアクセス

カスタムローターは、画面上のコンテンツの中で特定のグループの情報にアクセスしやすくするために使用します。

WWDC2020のVoiceOver efficiency with custom rotors[注1]というセッションで取り上げられた使用例を紹介します。地図アプリケーションでApple Storeと近くの公園を表示したとします。VoiceOverで地図アプリケーションを操作すると、いくつかのApple Storeの地点、いくつかの近くの公園、橋やそのほかのお店にフォーカスが順々にあたります。目視であればそれらの情報をアイコンの色で識別できますが、VoiceOverユーザーはすべての項目を順番に移動しないといけません。

そのような場合、Apple Storeや公園といった情報のみを抽出できるカスタムロータを作ることで、すばやく特定のグループの情報にアクセスできるようになります。

```
// 引用: VoiceOver efficiency with custom rotors
// - WWDC20 - Videos - Apple Developerより
// https://developer.apple.com/videos/play/wwdc2020/10116/
override func viewDidLoad() {
    // 地図上の地点のグループごとにUIAccessibilityCustomRotorを作成する
    // ここで作成したUIAccessibilityCustomRotorをカスタムローターから
    // 呼び出すことで、すばやく特定のグループの情報にアクセスできる
    mapView.accessibilityCustomRotors = [customRotor(for: .stores), customRot
or(for: .parks)]
}

func customRotor(for poiType: POI) -> UIAccessibilityCustomRotor {
    UIAccessibilityCustomRotor(name: poiType.rotorName) { [unowned self] pred
icate in
        let currentElement = predicate.currentItem.targetElement as? MKAnnota
tionView
        // 地図上の地点のグループに応じたviewを取得
        let annotations = self.annotationViews(for: poiType)
        let currentIndex = annotations.firstIndex { $0 == currentElement }
        let targetIndex: Int
        switch predicate.searchDirection {
        case .previous:
            targetIndex = (currentIndex ?? 1) - 1
        case .next:
```

注1 https://developer.apple.com/videos/play/wwdc2020/10116/

```
            targetIndex = (currentIndex ?? -1) + 1
        }
        guard 0..<annotations.count ~= targetIndex else { return nil } // Rea
ched boundary
        return UIAccessibilityCustomRotorItemResult(targetElement: annotation
s[targetIndex],
                                                    targetRange: nil)
    }
}
```

accessibilityPerformEscape——画面を戻る・閉じるを簡単に

VoiceOverやスイッチコントロールでは、グローバルなショートカットキーが提供されています。その一つに、通知を消したり、前の画面に戻ったりするといった用途に使う、2本指でスクラブ(2本指を左右にすばやく3回動かして「z」を描く)するジェスチャがあります(Android端末の戻るボタンのような操作に使えます)。

VoiceOverユーザーであってもご存じのない方も多いですが、アプリケーション内で前の画面に戻る、モーダルやピッカー、キーボードを閉じるといった操作を提供する場合に利用を検討してください。

```
class MyView: UIView {
    override class func accessibilityPerformEscape() -> Bool {
        // 画面を戻ったり、モーダルを閉じたりする
        return true
    }
}
```

UIAccessibility.post(notification:argument:)——画面内の変化を伝える

VoiceOverは画面の変化に応じて画面内の情報を読み上げますが、必ずしも意図どおりに読み上げるとは限りません(前述のとおり、標準的なコンポーネントや画面であれば、多くの場合で意図どおりに読み上げてくれます)。このような場合に、`post(notification:argument:)`を使うことで読み上げを補足できます。Notificationのタイプごとに用途を紹介していきます。

screenChanged──モーダル表示を通知

画面全体を覆うモーダル画面を表示した場合に、モーダルの表示をVoiceOverが検知できないことがあります。screenChangedを通知するとフォーカスがModalViewに移動し、view内の情報を読み上げられるようになります。また、accessibilityViewIsModalをtrueにすることでモーダル背後のviewにフォーカスが移動しなくなるので、こちらも忘れないようにしましょう。

```
func showModalView() {
    let modalView = ModalView()
    modalView.accessibilityViewIsModal = true
    view.addSubview(modalView)
    UIAccessibility.post(notification: .screenChanged, argument: myView)
}
```

layoutChanged──レイアウト変化を通知

画面内の一部のViewが表示や非表示、追加や削除されたといった更新をユーザーにわかるようにするには、layoutChangedを通知します。

```
func hiddenMyView (myView: MyView) {
   myView.hidden()
   UIAccessibility.post(notification: .layoutChanged, argument: "MyViewが非表
示になりました")
}
```

announcement──重要な情報を即時に読み上げる

ユーザーのフォーカスを移動させることなく情報を伝える方法としてannouncementがあります。ただし、このAPIの利用には注意が必要です。単純にpostすると現在読み上げられている発話が中断されて読み上げが開始されるため、重要な情報でのみ利用するようにしましょう。

```
func showErrorView() {
    errorView.show()
    // 現在の読み上げが中断された状態で「エラーが発生しました」と読み上げられる
    UIAccessibility.post(notification: .announcement, argument: "エラーが発生
しました")
}
```

現在の読み上げを中断させることなく読み上げるには、NSAttributedStringに.accessibilitySpeechQueueAnnouncement属性をセットします。読み上げ

たい情報の重要度に応じて使い分けましょう。

```
func showErrorView () {
    let announcement = NSAttributedString (string: "エラーが発生しました", att
ributes: [.accessibilitySpeechQueueAnnouncement: true])
    UIAccessibility.post(notification: announcement, argument: announcement)
}
```

accessibilityPerformMagicTap——最重要機能にすばやくアクセス

アプリケーションの最重要機能にすばやくアクセスするために、accessibilityPerformMagicTapというメソッドが用意されています。たとえば、電話アプリケーションでは電話への応答、音楽アプリケーションでは再生／一時停止、時計アプリケーションではタイマーの開始／停止といった用途で利用します。

accessibilityPerformMagicTapを利用すると、対象の機能までフォーカスを移動させることなく、画面の任意のエリアを2本指でダブルタップすれば機能を呼び出すことができます。

```
override func accessibilityPerformMagicTap() -> Bool {
    // 表示中の画面において重要度の最も高い機能を実行
    return true
}
```

accessibilityAttributedLabel——より豊かな読み上げの表現

下線や影、縁取りなどのリッチなテキストを、NSMutableAttributedStringを使用してNSAttributedString.Key.underlineStyleやNSAttributedString.Key.strokeWidth、NSAttributedString.Key.shadowといった属性をセットして表現する方法があります。

NSAttributedStringには、視覚的にリッチにするだけでなく、読み上げ方をリッチにするAPIも提供されています。テキストの任意の箇所のピッチや言語を変えることが可能です。コード例とともに順に説明します。

accessibilitySpeechPitch——読み上げピッチ制御

以下は筆者の名前の部分だけピッチを上げて読み上げる例です。

accessibilitySpeechPitch属性に与える値は0.0〜2.0となっています。デフォルトでは1.0となっており、0.0〜1.0だと低いピッチ、1.0〜2.0だと高いピッチで読み上げられます。

```
let attributedString = NSMutableAttributedString(string: "こんにちは、阿部諒です")
attributedString.addAttributes ([.accessibilitySpeechPitch: 1.5], range: NSRange (location: 6, length: 3))
myLabel.accessibilityAttributedLabel = attributedString
```

accessibilitySpeechLanguage——読み上げ言語を制御

accessibilitySpeechLanguage属性は、読み上げに使用する言語を指定できます。BCP47で定義された言語キーを使用して読み上げる言語を指定します。これは、母国語ではない単語に対して、より正確な発音を提供するために使用できます。

このキーを用いると、たとえば日本語の文中の一部にフランス語が混ざっていても正確な発音で読み上げることができます。

```
let attributedString = NSMutableAttributedString (string: "Bonjour、阿部諒です")
attributedString.addAttributes ([.accessibilitySpeechLanguage: "fr-FR"], range: NSRange (location: 0, length: 7))
myLabel.accessibilityAttributedLabel = attributedString
```

accessibilitySpeechSpellOut——読み上げをより詳細に

文章をVoiceOverで読み上げる場合、句読点や感嘆符などの記号はある程度省かれて読み上げられます。accessibilitySpeechSpellOut属性を使用すると、これらの情報もことこまかく読み上げるようになります。

```
// 「こんにちは阿部諒です」と読み上げられる
myLabel.accessibilityLabel = "こんにちは、阿部諒です！"
// 「こんにちは てん 阿部諒です 感嘆符」と読み上げられる
myLabel.accessibilityAttributedLabel = NSMutableAttributedString(string: "こんにちは、阿部諒です！", attributes: [.accessibilitySpeechSpellOut: true])
```

4.3 視覚サポートの活用

本節以降では、視覚サポート、身体サポート、聴覚サポート機能を活用する方法について紹介していきます。本節では視覚サポートの活用法を紹介します。

VoiceOverは全盲、弱視の方が利用することの多い視覚サポート機能ですが、視覚サポート機能はほかにもたくさんあります。各機能をアプリケーション側でどのようにサポートするか、本節ではコードを交えながら説明します。

ダークモードやDynamicTypeなどを実装された方もいるかと思いますが、これらも視覚サポート機能の一つです。そのほかにも、聞き覚えがあるけれど詳しくは知らない機能もあるでしょう。活用方法について順に説明していきます(各機能の詳細については3.3節「視覚サポート」をご覧ください)。

「ズーム機能」の活用

ズーム機能は、画面内の情報が小さく見づらい場合に一部分を拡大できる便利な機能です。後述するDynamicTypeがサポートされていないアプリケーションでも、ズーム機能を使用すれば画面内を拡大できます。

ただし、拡大モードで「フルスクリーン」を使って拡大していると、全体のうちの4分の1程度しか表示されなくなります。そのため、画面上の通知や警告といった情報を見逃してしまうことがあります。そのような場合、以下のメソッドを使用すると、任意のViewにフォーカスを移動するよう通知できます。

```
UIAccessibility.zoomFocusChanged(zoomType: .insertionPoint, toFrame: myView.f
rame, in: view)
```

「文字を太くする」の活用

DynamicTypeもそうですが、システムフォント(UIFont.TextStyle)を使用していれば自動で太字になります。しかし、カスタムなフォントを使用していた場合は、以下のように通知を受け取るスタイルを変更する必要があります。

```
import UIKit
class MyViewController: UIViewController {
    @IBOutlet weak var myLabel: UILabel!

    override func viewDidLoad() {
        super.viewDidLoad()
        NotificationCenter.default.addObserver(self, selector: #selector(didC
hangeBoldTextStatus), name: UIAccessibility.boldTextStatusDidChangeNotificati
on, object: nil)
    }

    @objc func didChangeBoldTextStatus() {
        if UIAccessibility.isBoldTextEnabled {
            myLabel.font = UIFont(name: "My Font Bold", size: myLabel.font.po
intSize)
        } else {
            myLabel.font = UIFont(name: "My Font", size: myLabel.font.pointSize)
        }
    }
}
```

「Dynamic Type」の活用

Dynamic Typeは、システム全体の文字サイズをユーザーが任意に設定できる機能です。アプリケーション側では、テキストの文字サイズの指定に、具体的な文字サイズを指定するのではなく、`UIFont.TextStyle`を使用することで、ユーザーの設定に応じた文字サイズに自動で変わります。

```
// Dynamic Typeが有効
myLabel1.font = UIFont.preferredFont(forTextStyle: .headline)
myLabel1.adjustsFontForContentSizeCategory = true

// フォントサイズを明示してしまうとDynamic Typeは無効になる
myLabel2.font = UIFont.systemFont(ofSize: 12)
```

Dynamic TypeはInterface Builderからも指定できます。「Label」→「Font」→「T」からスタイルを指定し、Automatically Adjust Fontにチェックを入れてください(**図4-3-1**)。

図4-3-1 Interface Builderで「Automatically Adjust Font」にチェックを入れる

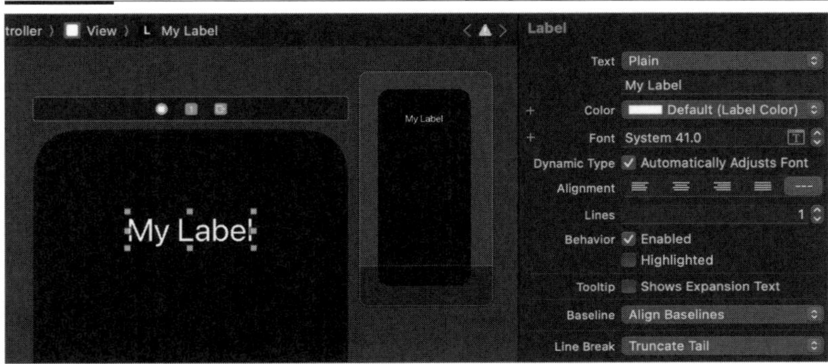

ここまではiOSのシステムフォントのSan Franciscoを使った方法でしたが、システムフォント以外を使ってDynamic Typeを実現する方法もあります。UIFontMetricsを使用すると、任意のフォントでDynamic Typeを実現できます。

```
// 任意のフォントを指定。UIFont.systemFont(ofSize:)でも可
let font = UIFont(name: "MyFont", size: 12)!
let headlineMetrics = UIFontMetrics(forTextStyle: .headline)
myLabel2.font = headlineMetrics.scaledFont(for: font)
myLabel2.adjustsFontForContentSizeCategory = true
```

「オン／オフラベル」の活用

標準コンポーネントのUISwitchを使わずにカスタムなスイッチを実装している場合には、UIAccessibility.onOffSwitchLabelsDidChangeNotificationを監視して、オン／オフラベルの追加が必要となります。

```
class MyViewController: UIViewController {
    override func viewDidLoad() {
        super.viewDidLoad()
        NotificationCenter.default.addObserver(self, selector: #selector(didC
hangeOnOffSwitchLabels), name: UIAccessibility.onOffSwitchLabelsDidChangeNoti
fication, object: nil)
    }

    @objc func didChangeOnOffSwitchLabels() {
        if UIAccessibility.isOnOffSwitchLabelsEnabled {
            // スイッチにラベルを付ける
```

```
        } else {
            // スイッチからラベルを消す
        }
    }
}
```

「透明度を下げる」の活用

「透明度を下げる」はぼかしの透明度を下げる設定です。アプリケーション内でUIBlurEffectなどを使ってぼかしのViewを入れている場合は、`UIAccessibility.reduceTransparencyStatusDidChangeNotification`を監視して、ステータスに応じてぼかしの調整をしてください。

```
class MyViewController4: UIViewController {
    override func viewDidLoad() {
        super.viewDidLoad()
        NotificationCenter.default.addObserver(self, selector: #selector(didC
hangeReduceTransparencyStatus), name: UIAccessibility.reduceTransparencyStatu
sDidChangeNotification, object: nil)
    }

    @objc func didChangeReduceTransparencyStatus() {
        if UIAccessibility.isReduceTransparencyEnabled {
            // ぼかしの透明度を下げる
        } else {
            // ぼかしの透明度をもとの状態に戻す
        }
    }
}
```

「ダークモード」「コントラストを上げる」の活用

「ダークモード」「コントラストを上げる」は、システムが提供している色(`UIColor.systemXxx`)を使用していれば自動でサポートされます。独自の色を使用する場合は、ダークモード用の色とハイコントラスト用の色を定義する必要があります。Asset Catalogで色を定義している場合には、Xcodeの右パネルの「Attribute Inspector」→「Apperarances」→「Any, Dark」(または「Any, Light, Dark」)を選ぶとダークモード用の色が定義できます。加えて「High Contrast」にチェックを入れると枠が増え、ハイコントラスト用の色を定義できます(**図4-3-2**)。

Asset Catalogを使用せずコードで色を定義している場合には、`UIColor(dynamicProvider:)`を使用し、`UITraitCollection`に応じた色を設定しましょう。

```
let greenColor = UIColor { traitCollection in
    switch(traitCollection.accessibilityContrast, traitCollection.userInterfa
ceStyle) {
        case (.high, .dark): return UIColor.myHighContrastDarkGreen
        case (_, .dark): return UIColor.myDarkGreen
        case (.high, _): return UIColor.myHighContrastLightGreen
        default: return UIColor.myGreen
    }
}
```

詳しく知りたい方は、WWDC19のセッション「Implementing Dark Mode on iOS」[注2]をご覧ください。

「カラー以外で区別」の活用

通常、「カラー以外で区別」のオン／オフにかかわらず、色だけで情報の識別をすることは避けるべきです。必須項目を赤文字にしている場合はテキストで補足したり、リンクには下線を加えたりなどするとよいでしょう。しかし、アプリケーションの性質上、デフォルトでは色だけで表現せざるをえない場合、設定に応じて色以外の識別方法を提供しましょう。

注2　https://developer.apple.com/videos/play/wwdc2019/214

図4-3-2　Interface Builderで「High Contrast」にチェックを入れる

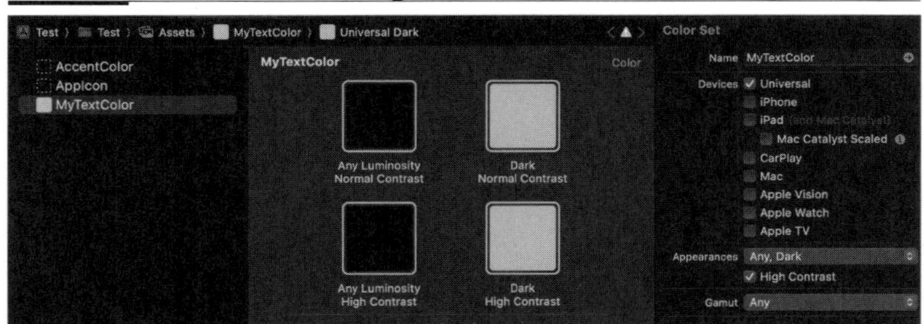

```
class MyViewController: UIViewController {
    override func viewDidLoad() {
        super.viewDidLoad()
        NotificationCenter.default.addObserver(self, selector: #selector(didC
hangeDifferentiateWithoutColor), name: UIAccessibility.differentiateWithoutCo
lorDidChangeNotification, object: nil)
    }

    @objc
    func didChangeDifferentiateWithoutColor() {
        if UIAccessibility.shouldDifferentiateWithoutColor {
            // 色以外の情報で補足
        }
    }
}
```

色に頼った表現になっているかどうかは、後述のカラーフィルタでグレースケール表示にすると確認できます。「設定」→「アクセシビリティ」→「画面表示とテキストサイズ」→「カラーフィルタ」→「グレースケール」にチェックを入れて確認してください。

「色の反転」の活用

システムの設定で「色の反転」が有効になっていても色を反転させたくない箇所では、UIView.accessibilityIgnoresInvertColorsをtrueにします。写真の表現を維持したい場合などに有用ですが、ユーザーの設定を無効化してしまうため使い方には注意しましょう。

```
myImage.accessibilityIgnoresInvertColors = true
```

ほかのケースと同様に、色の反転の設定を検知することもできます。

```
class MyViewController: UIViewController {
    override func viewDidLoad() {
        super.viewDidLoad()
        NotificationCenter.default.addObserver(self, selector: #selector(didC
hangeInvertColorsStatus), name: UIAccessibility.invertColorsStatusDidChangeNo
tification, object: nil)
    }

    @objc
    func didChangeInvertColorsStatus() {
```

```
        if UIAccessibility.isInvertColorsEnabled {
            // 色の反転に応じた処理
        }
    }
}
```

「カラーフィルタ」の活用

前述の「カラー以外で区別」と同様、カラーフィルタでグレースケールが有効になっていた場合に、色以外で情報を伝えるためにテキストやコンポーネントの形状で補足しましょう。

```
class MyViewController: UIViewController {
    override func viewDidLoad() {
        super.viewDidLoad()
        NotificationCenter.default.addObserver(self, selector: #selector(didC
hangeGrayscaleStatus), name: UIAccessibility.grayscaleStatusDidChangeNotifica
tion, object: nil)
    }

    @objc
    func didChangeGrayscaleStatus() {
        if UIAccessibility.isGrayscaleEnabled {
            // 色以外で情報を伝えるためにテキストやコンポーネントの形状で補足する
        }
    }
}
```

「視差効果を減らす」の活用

アプリケーションの起動やホームへ戻るときなどのアニメーションを軽減させるのが「視差効果を減らす」機能です。動きのあるアニメーションを利用する場合には、`UIAccessibility.isReduceMotionEnabled`の値を見てアニメーションを和らげたり、無効にしたりする処理を入れましょう。

```
class MyViewController: UIViewController {
    override func viewDidLoad() {
        super.viewDidLoad()
        NotificationCenter.default.addObserver(self, selector: #selector(didC
hangeGrayscaleStatus), name: UIAccessibility.reduceMotionStatusDidChangeNotif
ication, object: nil)
```

```
    }

    @objc
    func didChangeReduceMotionStatus() {
        if UIAccessibility.isReduceMotionEnabled {
            // アニメーションを和らげたり、無効にする
        }
    }
}
```

「選択読み上げ」「画面読み上げ」の活用

アプリケーション内で音声や動画を再生中に「選択読み上げ」または「画面読み上げ」が作動した場合に、アプリケーション内の音声と読み上げの音声が混ざってしまい、聞き取りにくくなることがあります。OS側で自動でアプリケーション内の音声を小さくすることもありますが、手動で動かしてみて必要に応じて再生中の音声や動画を停止するようにしましょう。

```
class MyViewController: UIViewController {
    override func viewDidLoad() {
        super.viewDidLoad()
        // 「選択読み上げ」が作動したかを検知
        NotificationCenter.default.addObserver(self, selector: #selector(didC
hangeSpeakStatus), name: UIAccessibility.speakSelectionStatusDidChangeNotific
ation, object: nil)

        // 「画面読み上げ」が作動したかを検知
        NotificationCenter.default.addObserver(self, selector: #selector(didC
hangeSpeakStatus), name: UIAccessibility.speakScreenStatusDidChangeNotificati
on, object: nil)
    }

    @objc
    func didChangeSpeakStatus() {
        if UIAccessibility.isSpeakSelectionEnabled || UIAccessibility.isSpeak
ScreenEnabled {
            // 再生中の音声やビデオを停止する
        }
    }
}
```

「画面の読み上げ」は、読み上げが画面下部に到達すると自動でスクロールしながら一番下まで読み続けます。UIKitやSwiftUIのScrollを使用している場合は自動でスクロールしますが、アプリケーションのインストール

後の初回オンボーディングや電子書籍のページめくりは、スクロールを独自に実装する必要があります。

```
class MyViewController: UIViewController {
    override class func accessibilityScroll(_ direction: UIAccessibilityScrol
lDirection) -> Bool {
        // 最後のページだったらfalse
        if lastPage {
            return false
        }
        // 次のページに遷移
        scrollToNextPage() {
            // 遷移したら.pageScrolledをpostし次のページの読み上げを再開
            UIAccessibility.post(notification: .pageScrolled, argument: nil)
        }
        return true
    }
}
```

4.4 身体サポートの活用

身体サポートをするアクセシビリティ機能には、障害の有無にかかわらず便利なものがあります。筋肉の低下や麻痺、振戦(しんせん)などにより指がうまく動かせず、複数の指を動かすジェスチャが困難、タップ操作が難しいなど、上肢に障害がある場合、障害の程度に応じてサポートする機能が複数提供されています。開発者が気を付けるポイントは重複する部分もありますが、それぞれの機能の活用方法を説明します(各機能の詳細については3.4節「身体サポート」をご覧ください)。

「AssistiveTouch」の活用

開発中のアプリケーションで、複数の指による操作、スワイプ、ピンチイン／ピンチアウトといった細かなジェスチャ操作を必要とする場合は、代替手段を提供しましょう。

```
class MyViewController: UIViewController {
    override func viewDidLoad() {
        super.viewDidLoad()
        NotificationCenter.default.addObserver(self, selector: #selector(didC
hangeAssistiveTouchStatus), name: UIAccessibility.assistiveTouchStatusDidChan
geNotification, object: nil)
    }

    @objc func didChangeAssistiveTouchStatus() {
        if UIAccessibility.isAssistiveTouchRunning {
            // ジェスチャを多用するような機能がある場合は代替手段を提供する
        }
    }
}
```

「シェイクで取り消し」による誤操作を防ぐ

「シェイクで取り消し」は特定の操作を取り消す機能です。たとえばテキストの修正中に誤って削除したテキストをもとに戻したり、写真アプリケーションで写真の加工をもとに戻したり(Undo)する場合に利用します。

シェイクはデバイスを振る操作をしますが、パーキンソン病や振戦で手の震えがあると誤って発動してしまうことがあります。そのような場合には、「設定」アプリ→「アクセシビリティ」→「タッチ」→「シェイクで取り消し」を無効にできます。

開発中のアプリケーションで、シェイクジェスチャで特定の機能を呼び出している場合は、「シェイクで取り消し」機能が有効か無効かを判別して、無効の場合は代替手段で機能を呼び出せるようにしましょう。

```
class MyViewController: UIViewController {
    override func viewDidLoad() {
        super.viewDidLoad()
        NotificationCenter.default.addObserver(self, selector: #selector(didC
hangeAssistiveTouchStatus), name: UIAccessibility.shakeToUndoDidChangeNotific
ation, object: nil)
    }

    @objc func didChangeShakeToUndo() {
        if !UIAccessibility.isShakeToUndoEnabled {
            // シェイクにより特定の機能を呼び出している場合は
            // ジェスチャを無効化し、代替手段で呼び出せるようにする
        }
```

```
    }
}
```

「スイッチコントロール」の活用

試してみるとわかりますが、スイッチコントロールによるデバイスの操作には時間がかかります。またジェスチャのみで提供されている機能は、スイッチコントロールでは操作が困難なことがあります。この2点を踏まえると、スイッチコントロールが有効になっている場合には、タイムアウト時間を伸ばすようにしましょう。また、ジェスチャのみで提供されている機能がある場合には、タップでも利用できるよう代替手段を提供しましょう。

```
class MyViewController: UIViewController {
    override func viewDidLoad() {
        super.viewDidLoad()
        NotificationCenter.default.addObserver(self, selector: #selector(didC
hangeSwitchControlStatus), name: UIAccessibility.switchControlStatusDidChange
Notification, object: nil)
    }

    @objc func didChangeSwitchControlStatus() {
        if UIAccessibility.isSwitchControlRunning {
            // タイムアウト時間を伸ばす
            // ジェスチャのみで提供されている機能がある場合に
            // タップでも利用できるよう代替手段を提供する
        }
    }
}
```

「音声コントロール」の活用

音声コントロールはVoiceOverやスイッチコントロールと同じインタフェースを利用しているため、UIKitやSwiftUIで適切に実装できていれば特別な対応は不要なことが多いです。しかし、カスタムなUIを提供している場合は、適切にラベルを表示するようにするなど修正が必要な場合があります。

音声コントロールを有効にしたときに表示されるラベルは、VoiceOverでも利用される`accessibilityLabel`が用いられます。VoiceOver同様、`accessibilityLabel`は長すぎず簡潔であることも重要です。

音声コントロールは、番号での操作かラベル名での操作かを選べます。ラベル名での操作の場合、長すぎると操作を呼び出すのに苦労したり、誤ったラベル名だと機能そのものを呼び出せなかったりします。適切なラベル名となっているかが重要です。

音声コントロールにおいて機能をよりわかりやすく説明したい場合は、accessibilityUserInputLabelsというプロパティの利用を検討してもよいでしょう。たとえば、メールアプリケーションの送信ボタンをタップしたときの挙動をより詳細に伝えたい場合は、以下のように優先度順にラベルを設定できます。ユーザーに、より詳細な機能の挙動を伝えられます。

```
sendButton.accessibilityUserInputLabels = ["送信", "メッセージを送信", "件名\
(mail.subtitle)のメッセージを送信"]
```

4.5 聴覚サポートの活用

音声やビデオで情報を伝えるアプリケーションの場合、音による情報が適切に伝わるよう手を加える必要があります。機能ごとに活用方法を説明します(各機能の詳細については3.5節「聴覚サポート」をご覧ください)。

「ヒアリングデバイス／補聴器」の活用

音声の聞き取りが重要なアプリケーションの場合には、補聴器のペアリング状況をユーザーに通知しながら、状況に応じたコンテンツの提供を検討するようにしましょう。

```
class MyViewController: UIViewController {
    override func viewDidLoad() {
        super.viewDidLoad()
        NotificationCenter.default.addObserver(self, selector: #selector(didC
hangeHearingDevicePairedEar), name: UIAccessibility.hearingDevicePairedEarDid
ChangeNotification, object: nil)
    }
```

```
    @objc func didChangeHearingDevicePairedEar() {
        if UIAccessibility.hearingDevicePairedEar.contains(.left) {
            // 左耳のデバイスがペアリングされました
        }
        if UIAccessibility.hearingDevicePairedEar.contains(.right) {
            // 右耳のデバイスがペアリングされました
        }
        if UIAccessibility.hearingDevicePairedEar.contains(.both) {
            // 両耳のデバイスがペアリングされました
        }
        if UIAccessibility.hearingDevicePairedEar.isEmpty {
            // 補聴器が検出されていません
        }
    }
}
```

「モノラルオーディオ」の活用

モノラルオーディオを有効にすると、すべてのオーディオのステレオは無効になります。モノラルオーディオは、片側の耳が聞きにくい(または、聞こえない)といった場合に利用されることがあります。

ゲームアプリケーションなどステレオオーディオに依存する機能を提供している場合は、モノラルオーディオが有効になっているか検知して代替機能を提供しましょう。

```
class MyViewController: UIViewController {
    override func viewDidLoad() {
        super.viewDidLoad()
        NotificationCenter.default.addObserver(self, selector: #selector(didC
hangeMonoAudioStatus), name: UIAccessibility.monoAudioStatusDidChangeNotifica
tion, object: nil)
    }

    @objc func didChangeMonoAudioStatus() {
        if UIAccessibility.isMonoAudioEnabled {
            // ゲームアプリケーションで敵の位置を
            // ステレオオーディオで表現するような機能を提供していた場合には
            // モノラルオーディオでも敵の位置が伝わるよう代替機能を提供する
        }
    }
}
```

「字幕」の活用

AVPlayerを使用して自前で動画プレイヤーを実装する場合は、「クローズドキャプション+SDH」の有効／無効の設定に応じて、字幕の表示／非表示を切り替える必要があります（AVPlayerViewControllerを使用している場合は自動で切り替わるので不要です）。

```
class MyViewController: UIViewController {
    override func viewDidLoad() {
        super.viewDidLoad()
        NotificationCenter.default.addObserver(self, selector: #selector(didC
hangeClosedCaptioningStatus), name: UIAccessibility.closedCaptioningStatusDid
ChangeNotification, object: nil)
    }

    @objc func didChangeClosedCaptioningStatus() {
        if UIAccessibility.isClosedCaptioningEnabled {
            // 字幕を表示
        } else {
            // 字幕を非表示
        }
    }
}
```

4.6 認知サポートの活用

認知サポートの実装に馴染みのある方は少ないでしょう。第3章でも述べたように認知サポートは、自閉症やそのほかの注意力や知覚に障害のあるユーザーが目の前の作業に集中するために重要な機能です。アプリケーションの性質をふまえ、適切に活用しましょう（各機能の詳細については3.6節「認知サポート」をご覧ください）。

「アクセスガイド」の活用

アクセスガイドは、利用可能なアプリケーションや機能を制限したい場合に利用されます。アプリケーションの性質にもよりますが、ユーザーの誤った操作による破壊的変更などを防止する必要がある場合には、アクセスガイドの有効／無効を判別して制限を加えるようにしましょう。

```
class MyViewController: UIViewController {
    override func viewDidLoad() {
        super.viewDidLoad()
        // アクセスガイドのステータス変化の通知を受け取る
        NotificationCenter.default.addObserver(self, selector: #selector(didC
hangeGuidedAccessStatus), name: UIAccessibility.guidedAccessStatusDidChangeNo
tification, object: nil)
    }

    @objc func didChangeGuidedAccessStatus() {
        if UIAccessibility.isGuidedAccessEnabled {
            // 機能の制限を入れる
        }
    }
}
```

また、アクセスガイドは特定のアプリケーションの利用を制限するだけでなく、画面内の利用可能なエリアを指定したり、物理的なボタン(サイドボタン、ボリュームボタン)や操作(キーボード、タッチ)などハードウェアの機能を制限したりできます。さらにUIAccessibility APIを使用すると、これらのオプションをカスタマイズすることができます。

```
// UIGuidedAccessRestrictionDelegateプロトコルを実装する
extension AppDelegate: UIGuidedAccessRestrictionDelegate {
    var guidedAccessRestrictionIdentifiers: [String]? {
        // 制限したい機能のユニークなIDをアクセスガイドに伝える
        return ["com.myapp.account-settings-restriction"]
    }

    func textForGuidedAccessRestriction(withIdentifier restrictionIdentifier:
 String) -> String? {
        // アクセスガイドのオプションに表示されるタイトル
        return "アカウント設定"
    }
    func detailTextForGuidedAccessRestriction(withIdentifier restrictionIdent
ifier: String) -> String? {
        // 詳細な説明
        return "アカウント設定へのアクセスを制限"
    }
}
```

```
extension AppDelegate: UIGuidedAccessRestrictionDelegate {
    func guidedAccessRestriction(withIdentifier restrictionIdentifier: String,
didChange newRestrictionState: UIAccessibility.GuidedAccessRestrictionState) {
        // 設定が変わったことを受け取る
        let restrictionState = UIAccessibility.guidedAccessRestrictionState(f
orIdentifier: "com.myapp.account-settings-restriction")
        switch restrictionState {
            case .allow:
                // 有効になった場合の処理
                // 今回の場合はアカウント設定の機能を制限する
            case . deny:
                // 無効になった場合の処理。アカウント設定の機能を有効にする
        }
    }
}
```

第5章

iOSアプリをさらに使いやすくする

本章の前半では、日ごろ我々が考えている「ユーザー体験」をVoiceOverユーザーによる操作に置き換えて、VoiceOverユーザーがアプリケーション全体を通してより情報にアクセスしやすく、より使いやすくなる方法を紹介します。後半では、iOSアプリのアクセシビリティ機能の手動・自動のテスト方法を紹介します。どういった観点でテストをするとよいか、Accessibility Inspector Auditを用いた問題箇所の自動検出の方法、テストの自動化の方法など、より実践的な内容です。

5.1 セルの読み上げを最適化する

本書を手にした方は「ユーザー体験」について考えることも多いでしょう。そもそもユーザーの「どんな課題を解消したいのか」「何を実現したいのか」から始まり、課題解決の方法を考え、見せ方を考え、さらには気持ちのよい操作体験は何かを考え、具体化しているはずです。

第4章「iOSアプリでアクセシビリティ機能を実装する」では、VoiceOverやスイッチコントロール、音声コントロールで用いられる基本的なAPIの用途や使い方を紹介しました。ただし、それらはピンポイントの情報を最低限得られたり、操作できたりするにすぎません。日ごろの開発業務では、ユーザーの立場に立ち、どんな課題を抱えてアプリケーションを操作するに至ったか、そのうえでどういった「ユーザー体験」を通して課題解決に導くのか、そんなことを考えているはずです。VoiceOverを用いた操作でも同様に、どういった「ユーザー体験」を通して課題解決するかが重要です。

本章の前半では、VoiceOver操作を一歩踏み込んで考え、VoiceOverユーザーがアプリケーション全体を通してより情報にアクセスしやすく、より使いやすくなる方法を紹介します。本節ではセルの読み上げについて検討します。

Xアプリケーションによるセルの読み上げの工夫

まずは、好例となるアプリケーションを実際にVoiceOverで操作するのが一番早いでしょう。それはX(旧Twitter)アプリケーションです(**図5-1-1**)。

個々の要素ではなくセル全体にフォーカス

一覧画面にはたくさんのポストが並び、一つ一つのポストのセルにはたくさんの情報があります。ポストしたユーザーのアイコン、ユーザー名、ポストした日時、アクションボタン、ポストの本文、画像、リプライ数、リポスト数、いいね数、表示回数、ブックマークボタン、シェアボタンです。

通常、こうしたセルを作成してVoiceOverで操作すると、左上から右下

図5-1-1 Xアプリケーションのタイムライン

に向かって順々に読み上げられるため、左上に配置されているユーザーアイコンにフォーカスがあたり、右スワイプすると次の要素のユーザー名、ポストした日時……といった順番で読み上げられます。

しかし、Xは異なります。VoiceOverを有効にして、Xのポスト一覧のセルにフォーカスをあててみてください。要素一つ一つにフォーカスはあたらずに、セル全体にフォーカスがあたり、ユーザーの名前から表示回数までがズラッと読み上げられます。なぜこのようにしているのでしょうか？

VoiceOverの操作感を晴眼者の操作感に近付ける

晴眼者がXを利用しているときのことを想像してください。

❶ズラーッと並ぶポストをスクロールしながら斜め読みをする

❷興味のあるポストがあれば内容を読む

❸反応したければ返信、リポスト、いいねをする

こんな感じではないでしょうか？ もし要素一つ一つにフォーカスがあた

っていたら、どうなるでしょう？ 目的の要素にたどり着くにはこれらの要素分のスワイプが必要ですし、ポストの内容をズラッと把握するにはたくさんスワイプする必要があります。「ズラーッと並ぶポストを斜め読みし、興味のあるポストがあれば内容を読み……」とはほど遠く、ユーザー体験が悪いことは想像できるでしょう。

それを改善すべく、Xではセルの要素一つ一つにフォーカスをあてるのではなく、ポストごとのセルにフォーカスをあてているのです。

したがって、VoiceOverでの操作感は次のようになりそうです。

❶ズラーッと並ぶポストのセルにフォーカスがあたり、ポストの内容が読み上げられる

❷興味がなければ、次のポストにスワイプして移動を繰り返す

❸興味のあるポストがあれば、最後まで読み上げて内容を把握

❹返信やリポストやいいねがしたければ、タップで詳細画面に遷移（またはVoiceOverローターのアクションで詳細画面に遷移）

晴眼者がXを使ったときと似た操作感です。

セル全体で読み上げられるのは、実際のXのソースコードを読んだわけでないですが、おそらく以下のようになっているからでしょう（あくまでイメージです）。

```
// ポストのモデル
struct Post {
    let user: User
    let date: Date
    let body: String
    let replyCount: Int
    let repostCount: Int
    let likeCount: Int
    let viewCount: Int
}

// ポストのセル
class PostCell: UITableViewCell {
    private @IBOutlet weak var userIcon: UIImageView!
    private @IBOutlet weak var userNameLabel: UILabel!
    private @IBOutlet weak var postDateLabel: UILabel!
    private @IBOutlet weak var postBodyLabel: UILabel!
    private @IBOutlet weak var replyButton: UIButton!
    private @IBOutlet weak var repostButton: UIButton!
```

```
private @IBOutlet weak var likeButton: UIButton!
private @IBOutlet weak var viewCountButton: UIButton!
private @IBOutlet weak var shareButton: UIButton!
private var post: Post {
    didSet {
        userNameLabel.text = post.user.name
        postBodyLabel.text = post.body
          // そのほかのラベルにもテキストをセット
          //  :
    }
}

// accessibilityLabelをoverrideし、セル全体にフォーカスをあてる
override var accessibilityLabel: String? {
    get {
        var labels = [String?]()
        labels.append(post.user.name)
        labels.append(post.date.toString())
        labels.append(post.body)

        // 0回のときはラベルに含めない
        if post.replyCount != 0 {
            labels.append("\(post.replyCount)回の返信")
        }
        if post.repostCount != 0 {
            labels.append("\(post.repostCount)回のリポスト")
        }
        if post.likeCount != 0 {
            labels.append("\(post.likeCount)回のいいね")
        }
        if post.viewCount != 0 {
            labels.append("\(post.viewCount)回の表示")
        }
        // 文字列を連結
        return labels.compactMap { $0 }.joined(separator: ", ")
    }
    set {}
}

// VoiceOverローターからアクションを呼び出せるようにする
override func awakeFromNib() {
    accessibilityCustomActions = [
        .init(name: "返信") { _ in
            self.reply()
            return true
        },
        .init(name: "リポスト") { _ in
            self.repost()
```

```
                return true
            },
            .init(name: "いいね！") { _ in
                self.like()
                return true
            },
            .init(name: "シェア") { _ in
                self.share()
                return true
            }
        ]
    }
}
```

開発中のアプリケーションがあれば、ぜひ画面を見ずにVoiceOverを有効にして操作してみてください。普段の自分の操作感とは違い、悪い操作感となっていることに気付き、改善点が見つかるはずです。

セルの読み上げをさらに向上させる

前項のXの例は、ポストをざっくり把握するという点では悪くありません。しかし、「ユーザー名、ポストした日時、アクションボタン、ポストの本文、画像、リプライ数、リポスト数、いいね数、表示回数」と、とても情報量が多く、一度ですべてを把握するには認知負荷が高いです。ユーザーが特に知りたい情報（Xの場合、ユーザー名とポストの本文）のみを読み上げ、そのほかの情報は詳細画面で把握する方法もあります。けれど、いちいち詳細画面に遷移するのは面倒ですし、どのアプリケーションにもXのように詳細画面があるとは限りません。

まずはユーザーが特に知りたい情報だけが読み上げられ、必要に応じてそのほかの情報も知ることができる。それを実現するのがAccessibility Custom Content APIです。そのほかの情報をVoiceOverローターからアクセスできるようにします。

前述のコードにAccessibility Custom Content APIを組み込むと次のようになります。

```
// ポストのセル
class PostCell: UITableViewCell {
```

```
    // ユーザーが特に知りたい
    // ユーザー名、日時、ポスト本文のみデフォルトで読み上げる
    override var accessibilityLabel: String? {
        get {
            "\(post.user.name), \(post.date.toString()), \(post.body)"
        }
        set {}
    }
}

extension PostCell: AXCustomContentProvider {
    var accessibilityCustomContent: [AXCustomContent]! {
        get {
            // そのほかの情報をAXCustomContentに
            // ラベル名とともにセットして配列にして返す
            var contents = [AXCustomContent]()
            contents.append(.init(label: "返信数", value: "\(post.replyCount)
回の返信"))
            contents.append(.init(label: "リポスト数", value: "\(post.repostC
ount)回の返信"))
            contents.append(.init(label: "いいね数", value: "\(post.likeCount
)回の返信"))
            contents.append(.init(label: "表示数", value: "\(post.viewCount)
回の返信"))
            return contents
        }
        set(accessibilityCustomContent) { }
    }
}
```

AXCustomContentProviderを実装し、accessibilityCustomContentでそのほかの情報をAXCustomContentでラベルとともにセットし、配列で返します。

ユーザーの操作体験としては以下のようになります。

❶セルにフォーカスをあてると「ユーザー名、日付、本文」が読み上げられる

❷VoiceOverローターでMore Contentに合わせる

❸上下スワイプでAXCustomContentにセットした情報がラベルとともに読み上げられる

これにより、欲しい情報は常に読み上げられ、必要に応じてVoiceOverローターからそのほかの情報にアクセスできます。たくさんの情報があってもユーザーの認知負荷は下げられるでしょう。

5.2 見出しを工夫して横スクロールを使いやすくする

たくさんのコンテンツを見せたい場合、横スクロールで見せるレイアウトがあります。右端に少しだけコンテンツをはみ出るように表示し、「横方向にコンテンツがあるよ」と見せるレイアウトです。気になる情報があれば横スクロールすればいいし、興味がなければ縦スクロールで次の情報に移動すればよく、便利なレイアウトです。

VoiceOverによる横スクロールの操作感

このレイアウトの例としてApp Storeがあります（**図5-2-1**）。たとえば、

図5-2-1　App Store 無料ゲームランキング

あなたがApp Storeでランキングから無料ゲームアプリを探しているとします。VoiceOverを有効にし、無料ゲームランキングから適当なアプリケーションをダウンロードしようとしてみてください。何か気付いたことがありませんか？ VoiceOverに不慣れだとそもそも操作が難しいかもしれませんが、ここでは横スクロールによる操作に注目してください。

操作の流れは次のとおりです。

❶App Storeを開く
❷画面下のタブまで遷移
❸ゲームタブをタップ
❹右スワイプでフォーカスを移動
❺画面タイトル、アカウント情報の次にゲームカテゴリがずらりと読み上げられる
❻「イベント開催中」セクションでアプリケーションがずらりと読み上げられる
❼「定番ゲーム」セクションでアプリケーションがずらりと読み上げられる
❽「無料ゲームランキング」セクションにたどり着く

長い道のりでしたね。お気付きかと思いますが、「無料ゲームランキング」セクションの手前のセクションに横スクロールでたくさんのアプリケーションが並んでいるため、たどり着くのに苦労したでしょう。これは横スクロールに限った話ではありませんが、横スクロールで起きがちな問題です。縦スクロールでも同じ問題は発生し得るのですが、横スクロールだとコンテンツは画面外に見えなくなるのでついついたくさん並べがちだからです。

晴眼者は、横スクロールで画面から見えていない情報が不要ならば、縦スクロールでスキップすればいいです。しかし、VoiceOverで素直に右スワイプで移動した場合は、横スクロール上に並ぶコンテンツすべてをたどらなければなりません(直接タップしてフォーカスを変更する方法はありますが、初めて操作するアプリケーションだとどこに何があるかはわかりません)。

スキップできるように見出しを設定する

いくつか解決方法はありますが、表示するコンテンツ量もレイアウトもそのまま維持した方法としては、セクションのタイトルのラベルの`accessibilityTraits`

に.headerを付けるものがあります。VoiceOverが有効の状態で画面上を2本指で回転させるとVoiceOverローターを呼び出せるので、そこで「見出し」の項目に合わせます。その状態で上下スワイプをすると、画面内の見出し(UIAccessibilityTraits.header)のみにフォーカスをあてて移動できます。

App Storeのゲームタブで、VoiceOverローターで見出しの項目に合わせて上下スワイプをすると、「イベント開催中」→「定番ゲーム」→「無料ゲームランキング」といった順に見出しをジャンプできるはずです。

UITableViewのセクションタイトルには、デフォルトでUIAccessibilityTraits.headerがセットされます。カスタマイズしたレイアウトで画面内にたくさんの情報を配置する場合には、情報をスキップできるようにする見出し(UIAccessibilityTraits.header)の設定が重要です。

```
class MyViewController8: UIViewController {
    @IBOutlet weak var sectionLabel1: UILabel!
    @IBOutlet weak var contents1: MyContents

    @IBOutlet weak var sectionLabel2: UILabel!
    @IBOutlet weak var contents2: MyContents

    @IBOutlet weak var sectionLabel3: UILabel!
    @IBOutlet weak var contents3: MyContents

    override func viewDidLoad() {
        super.viewDidLoad()
        // ラベルに見出しをセット
        sectionLabel1.accessibilityTraits = .header
        sectionLabel2.accessibilityTraits = .header
        sectionLabel3.accessibilityTraits = .header
    }
}
```

5.3 視覚的なチャートを可聴できるようにする

チャート(グラフ)は、増加や減少といった傾向をさっとつかむのに便利です。ただし、視覚的な表現なので、目の不自由な方が内容を把握するのは難しいです。表形式の情報を合わせて配置すれば、ピンポイントの情報を得ることは可能になります。しかし、チャートの傾向をつかむように全容を把握するには、各数値を頭に記憶しながら聞き取る必要があります。とても難しく(筆者には無理です)、晴眼者が視覚から直感的に情報を得る体験とはだいぶ異なります。

そこでAudio Graphs APIの出番です。チャートの情報を可聴できるようピッチ(音の高さ)で表すAPIが、Audio Graphs APIです。Audio Graphsに対応したチャートをVoiceOverで再生すると、x軸に沿ってy軸の値が高いところは高い音で、低いところは低い音で再生され、より直感的にチャートの情報を得られます。また、ただ再生するだけでなく、VoiceOverローターから「グラフの詳細」を選ぶと、ダブルタップホールドで特定のx軸のy座標の値を確認できたりするので、チャート各部の詳細も確認できます。

Audio Graphs APIは、iOS標準の「株価」アプリに実装されているのでぜひ試してください。利用方法は、VoiceOverオン→ホームに移動→左右スワイプで「株価」アプリをダブルタップで開く→チャートにフォーカスをあて→画面を2本指で回転させVoiceOverローター→「オーディオグラフ」に合わせる→上下フリックで「オーディオグラフを再生」に合わせダブルタップ、です。

実装にはAXChartを使用します。開発中のアプリケーションにチャートがあれば、以下を参考に実装してください。

```
// モデル
struct MyChartModel {
  let title: String
  let summary: String
  let xAxis: Axis
  let yAxis: Axis
  let data: [DataPoint]

  struct Axis {
    let title: String
    let range: ClosedRange<Double>
  }

  struct DataPoint: Identifiable {
    let name: String
    let x: Double
    let y: Double
  }
}
```

```
class MyChartView: AXChart {
  private let myChartModel: MyChartModel

  // AXChartプロトコルに対応するaccessibilityChartDescriptorを実装
  var accessibilityChartDescriptor: AXChartDescriptor? {
    get {
    // X軸を定義
    // （軸のタイトル、範囲、グリッド線（任意）、軸の値の読み上げさせ方を設定）
      let xAxis = AXNumericDataAxisDescriptor(
        title: myChartModel.xAxis.title,
        range: myChartModel.xAxis.range,
        gridlinePositions: [],
        valueDescriptionProvider: { value in
        return "\(value)"
      })
      // Y軸を定義
      let yAxis = AXNumericDataAxisDescriptor(
        title: myChartModel.yAxis.title,
        range: myChartModel.yAxis.range,
        gridlinePositions: [],
        valueDescriptionProvider: { value in
        return "\(value)"
      })
      // データ系列の定義
      // （系列タイトル、連続性の有無（折れ線グラフの場合はtrue）、
      // 系列のデータを設定）
      let series = AXDataSeriesDescriptor(
        name: myChartModel.title,
        isContinuous: false,
        dataPoints: myChartModel.data.map { point in
          AXDataPoint(
            x: point.x,
            y: point.y,
            additionalValues: [],
            label: point.name
          )
      })
      // 作ったパーツを組み合わせてAXChartDescriptorを作る
      // （棒グラフや折れ線グラフが重なったチャートであれば
      // 複数のデータ系列を指定可能）
      return AXChartDescriptor(
        title: myChartModel.title,
        summary: myChartModel.summary,
        xAxis: xAxis,
        yAxis: yAxis,
        additionalAxes: [],
        series: [series])
```

```
    }
    set {}
  }
}
```

Column

参考となるWWDCのセッション

VoiceOverの操作体験を向上させる方法は、本章で紹介したもの以外にもあります。WWDCのセッションに参考になるものがたくさんあるので、ぜひご覧ください。

- App accessibility for Switch Control - WWDC20[注a]
- Making Apps More Accessible With Custom Actions - WWDC19[注b]
- Writing Great Accessibility Labels - WWDC19[注c]
- VoiceOver efficiency with custom rotors - WWDC20[注d]
- Visual Design and Accessibility - WWDC19[注e]
- Meet Assistive Access - WWDC23[注f]
- Create accessible Single App Mode experiences - WWDC22[注g]
- SwiftUI Accessibility: Beyond the basics - WWDC21[注h]
- Make your app visually accessible - WWDC20[注i]
- Build accessible apps with SwiftUI and UIKit - WWDC23[注j]
- Create accessible spatial experiences - WWDC23[注k]

注a　https://developer.apple.com/videos/play/wwdc2020/10019/
注b　https://developer.apple.com/videos/play/wwdc2019/250/
注c　https://developer.apple.com/videos/play/wwdc2019/254/
注d　https://developer.apple.com/videos/play/wwdc2020/10116/
注e　https://developer.apple.com/videos/play/wwdc2019/244/
注f　https://developer.apple.com/videos/play/wwdc2023/10032/
注g　https://developer.apple.com/videos/play/wwdc2022/10152/
注h　https://developer.apple.com/videos/play/wwdc2021/10119/
注i　https://developer.apple.com/videos/play/wwdc2020/10020/
注j　https://developer.apple.com/videos/play/wwdc2023/10036/
注k　https://developer.apple.com/videos/play/wwdc2023/10034

5.4 iOSアプリのアクセシビリティをテストする

本節および次節では、iOSアプリのアクセシビリティをテストする方法を紹介します。本節ではまず手動テストを紹介します。

いつもの手動テストにVoiceOverによる操作チェックを追加する

日ごろのアプリケーション開発では、書いたコードが意図どおりの動きをするか、手動で操作して確認しているでしょう。ラベルに誤字はないか、画像はちゃんと表示されるか、テキストフィールドに文字は入力できるか、ボタンをタップして画面の遷移ができるか、レイアウトは崩れていないか、などです。

VoiceOverによる操作でも、ほぼ同様のことを手動テストで確認しましょう。VoiceOverを有効にして対象の画面を操作し、ラベルは意図した読み上げとなっているか、テキストフィールドに文字が入力できるか、ボタンをタップして画面の遷移ができるか、読み上げ順序はおかしくないかなど、普段テストしていることをVoiceOverでも同様に行ってください。

できればその操作を目を閉じて行ってください。目で見ながらのVoiceOver操作でもたくさんの気付きはありますが、視覚で情報が補完されてしまうため問題を見落としてしまうことがあります。目を閉じて操作すると、「あれ、このラベルの読み上げって冗長だな」「読み上げる順序、おかしいかも」「画面の遷移でフォーカスがおかしなところに移っちゃったな」「あのUI要素にフォーカスがあたっていないぞ」といったことに気付きます。VoiceOverの操作に慣れたら、開発中のアプリケーションをぜひ目を閉じて操作してください。

チェックリストを用いて網羅的にテストする

前項では手動テストの第一歩として、VoiceOverによる方法を紹介しました。ですが、ここまで本書を読んできた方にはわかるとおり、アクセシビリティはVoiceOverだけではありません。網羅的にアクセシビリティをチェックするには、第1章「モバイルアプリのアクセシビリティとは」で紹介した各企業が公開しているWCAGをベースとした独自のチェックリストが有用です。これらのチェックリストを用いれば、網羅的なテストができます。また、チェックリストを用いたテストは実装時はもちろん、デザイン時、QA時それぞれのフェーズで画面単位で実施するとよいでしょう。

- **チェック実施用Googleスプレッドシート　freeeアクセシビリティー・ガイドライン[注1]**
- **BBC Mobile Accessibility Guidelines[注2]**
- **Orange Digital Accessibility[注3]**

問題箇所を自動検出する——Accessibility Inspector Audit

手動テストよりも手軽に問題を見つけられるAccessibility InspectorというツールがXcodeには備わっています。Accessibility Inspectorは、アクセシビリティの問題の発見、診断、解決を手助けしてくれるデベロッパーツールです。いくつかの機能を含んでいますが、なかでもAuditという機能が便利です。表示中の画面におけるアクセシビリティの問題を検出してくれます。

具体的な操作方法と、見つかった問題の解決方法を紹介します。

Accessibility Inspector Auditの使い方

Accessibility Inspector Auditの使い方は、以下のとおりです。

❶テストしたいアプリケーションのSimulatorを起動し、対象の画面を開いておく

❷Xcode→Open Developer Tool→Accessibility Inspectorを起動

❸Accessibility Inspector右上のメニューの中央のRun Auditを選択(図5-4-1)

❹Accessibility Inspector左上のメニュー→Simulator→対象アプリを選択(図5-4-2)

❺Accessibility Inspector上部の「Run Audit」を実行(図5-4-3)

問題が発見されると一覧で表示されます(**図5-4-4**)。

注1　https://a11y-guidelines.freee.co.jp/checks/checksheet.html

注2　https://www.bbc.co.uk/accessibility/forproducts/guides/mobile/

注3　https://a11y-guidelines.orange.com/en/

図5-4-1　右上のメニューの中央の「Run Audit」を選択

図5-4-2　「simulator」を選択。その後、対象アプリを選択する

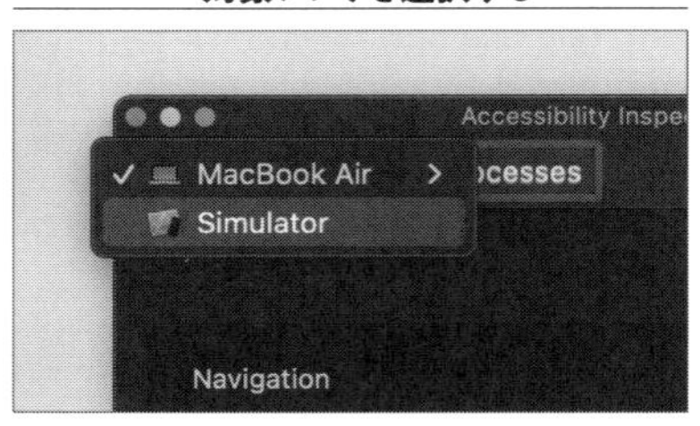

図5-4-3　「Run Audit」を実行

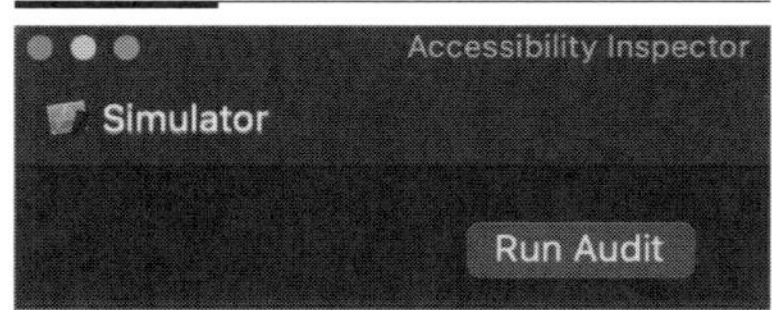

図5-4-4　発見された問題が一覧表示される

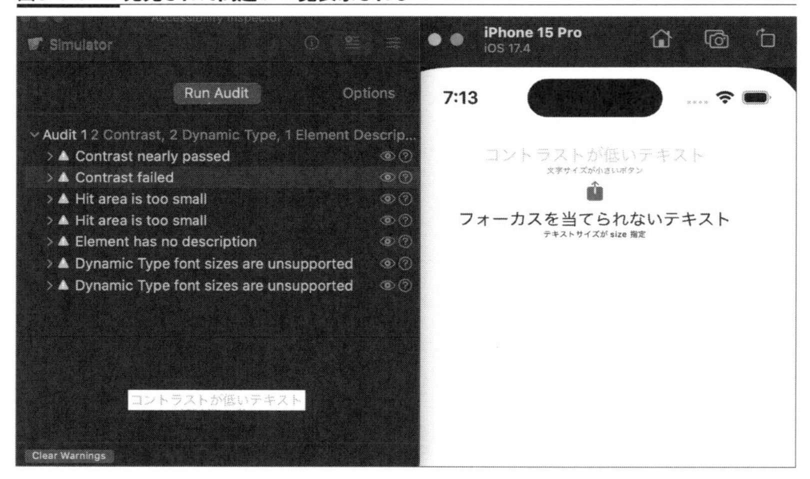

警告の一覧左側の矢印または右側のはてなマークをクリックすると、詳細な情報が表示されます。また右側の目のアイコンをクリックするとコンポーネントが青く囲われて表示され、問題の対象となるコンポーネントがわかります。

以下のソースコードをテストした場合の代表的な警告と対策を紹介します。

```
struct ContentView: View {
    var body: some View {
        VStack() {
```

```
            // コントラストが低いテキスト
            Text("コントラストが低いテキスト")
                .foregroundColor(Color(red: 0.8, green: 0.8, blue: 0.8))

            // タップエリアが小さいボタン
            Button(action: {}){
                Image(systemName: "square.and.arrow.up.fill")
                    .resizable()
                    .aspectRatio(contentMode: .fit)
            }
            .frame(height: 20)

            // フォーカスできないテキスト
            Text("フォーカスできないテキスト")
                .accessibilityElement(children: .ignore)

            // Dynamic Type対応されていない（テキストサイズをsizeで指定）
            Text("テキストサイズが size 指定")
                .font(.system(size: 8))
            Spacer()
        }
    }
}
```

警告1「Contrast failed」

Contrast failed for SwiftUI.AccessibilityNodeThe text contrast ratio is 1.61. This is based on color #FFFFFF compared with color #CCCCCC.

「コントラスト比が基準を満たしていない」という警告です。第2章「モバイルアプリのデザインとアクセシビリティ」でも紹介しましたが、今回の例だと背景色をより暗く濃い色に変更する、またはテキストの色を黒系統に変更することを検討しなければなりません。

警告2「Hit area is too small」

The size of this SwiftUI.AccessibilityNode is too small for user to interact.Current size is 19 x 21

「ボタンのヒット領域が小さすぎる」という警告です。筆者が試したところ25 × 25pt以下だと表示されるようです。Human Interface Guidelinesには44 × 44pt以上とある[注4]ので、可能な限り44 × 44pt以上のサイズにしましょう。

警告3「Element has no description」

This SwiftUI.AccessibilityNode is missing useful accessibility information.

手動テストで気付くことが多いと思いますが、「ラベルがない」という警告です。適切にaccessibilityLabelをセットしましょう。

警告4「Dynamic Type font sizes are unsupported」

User will not be able to change the font size of this SwiftUI.Accessibility Node

「サイズ指定のフォントはDynamic Typeをサポートしていません」という警告です。サイズ固定の指定ではなく、UIFont.TextStyleを使用しましょう。

Accessibility Inspector Auditは完璧ではない

Accessibility Inspector Auditは細かく指摘してくれる強力なツールですが、完璧ではありません。

UIImageViewには、画像が何を表しているか示す適切なaccessibilityLabelをセットする必要がありますが、何もセットされていないとファイル名が読み上げられてしまいます。うっかりするとよく発生する事例です。このようなケースでAccessibility Inspector Auditを実行すると、最低限ファイル名のラベルが入っているため、警告は出しません。

したがって、Accessibility Inspector Auditは最低限の問題がないかの把握に利用し、正確なチェックは手動で実施しましょう。

注4 「基本的にボタンのヒット領域を44 × 44pt以上（visionOSの場合は60 × 60pt以上）にする必要があります。」 https://developer.apple.com/jp/design/human-interface-guidelines/buttons

5.5 自動でアクセシビリティをテストする

本節では、テストを自動化する方法を紹介します。手動によるテストは時間もかかりますし、人手も必要です。すべてのテストを自動化することは難しいですが、アプリケーションの規模や性質に応じて適切に自動化しましょう。

UI Testingによるアクセシビリティテストの自動化

UI Testingは、Xcode標準のUIテストフレームワークです。アプリケーションのデータモデルに応じてViewやControlが適切に応答するかを確認できます。

UI Testingでは画面上の要素を取得し、それらが期待どおりの値か、応答をするかを検証します。画面上の要素を取得するにはいくつかの方法があります。accessibilityLabelから取得する方法、accessibilityValueから取得する方法、要素のインデックスを使用する方法などです。最も一般的で推奨されているのは、accessibilityIdentifierを使用する方法です。

accessibilityIdentifierは要素を一意に識別するために使用されるプロパティです。画面上に表示されることもないので不変で、レイアウトの変更があっても影響を受けにくいため、テストが壊れにくいメリットがあります。

accessibilityIdentifierを使用して要素を取得し、要素が期待どおりの値になっているかをテストする例を紹介します。

以下のコードはボタンと画像を配置した画面で、テストから参照できるようにaccessibilityIdentifierをセットしています。

```
struct ContentView: View {
    var body: some View {
        // ボタン要素
        Button(action: {}) {}
            .frame(width: 44, height: 44)
            // テストから要素の取得用にaccessibilityIdentifierをセット
            .accessibilityIdentifier("My Button")
            .accessibilityLabel("my button label")
            .accessibilityHint("my button hint")
```

```
        // 画像要素
        Image("MyImage")
            .accessibilityIdentifier("My Image")
            // テストから要素の取得用にaccessibilityIdentifierをセット
            .accessibilityLabel("my image label")
    }
}
```

以下のコードはテストコードで、accessibilityIdentifierを使用してボタン要素と画像要素を取得して、期待どおりの値になっているかをテストしています。

```
final class MyApplicationUITests: XCTestCase {

    override func setUp() {
        super.setUp()
        XCUIApplication().launch()
    }

    func test_Accessibility() throws {
        // accessibilityIdentifierにセットされている
        // 「My Button」を使ってボタン要素を取得
        let myButton = XCUIApplication().buttons["My Button"]
        // accessibilityIdentifierにセットされている
        // 「My Button」を使って画像要素を取得
        let myImage = XCUIApplication().images["My Image"]

        // ボタンの44pt x 44pt以上のサイズであることを確認
        XCTAssert(myButton.frame.size.height >= 44)
        XCTAssert(myButton.frame.size.width >= 44)
        // ラベルが正しくセットされていることを確認
        XCTAssertEqual(myButton.label, "my button label")
        XCTAssertEqual(myImage.label, "my image label")
    }
}
```

Accessibility Inspector Auditの自動実行

前節で紹介したAccessibility Inspector Auditは、UI Testingからも実行できます。Accessibility Inspector Auditは強力ですが、こまめに実行するには手間がかかります。手動テストとのバランスも考慮しながら、UI Testing

で定期的に自動で実行するとよいでしょう[注5]。

テスト実行時のアプリケーションの起動や終了を担うXCUIApplicationに対し、performAccessibilityAuditを実行すると、Accessibility Inspector Auditと同様の監査を実施できます。

```
import XCTest

final class MyApplicationUITests: XCTestCase {
    override func setUpWithError() throws {
        // すべてのエラーを検出するためtrueをセット
        continueAfterFailure = true
    }

    func testAccessibility() throws {
        let app = XCUIApplication()
        app.launch()

        // Accessibility Audit実行
        try app.performAccessibilityAudit()
    }
}
```

Accessibility Inspector Auditを手動で実行したときと同様の問題が表示されているのがわかります(**図5-5-1**)。

注5　本項は2023年のWWDCセッション「Perform accessibility audits for your app」を参考にしています。https://developer.apple.com/videos/play/wwdc2023/10035/

図5-5-1　performAccessibilityAuditの実行結果

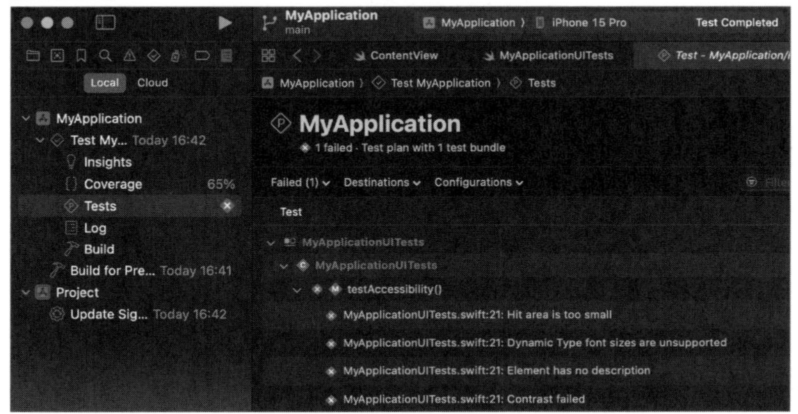

テスト結果の三角ボタンをクリックすると、どのコンポーネントの問題なのか詳細な情報が表示されます(**図5-5-2**)。

また、`performAccessibilityAudit`は監査するカテゴリを指定したり、誤った問題検出を無視したりすることもできます。

```
// 監査するカテゴリの指定
try app.performAccessibilityAudit(for: [.dynamicType, .hitRegion, .contrast])
{ issue in
    // デフォルトでは無視しない
    var shouldIgnore = false
    if issue.element?.label == "コントラストが低いテキスト" {
        // 誤った問題の検出だった場合はtrueを返して検出を無視
        shouldIgnore = true
    }
    return shouldIgnore
}
```

前節では手動による実行方法を紹介しましたが、実施しそびれることもあるでしょう。UI tesgingから自動で実行されるようにしておくと、問題に早期に気付き、修正しそびれることもなくなるはずです。アクセシビリティのテストに限った話ではありませんが、手動テストと自動テストの良し悪し、バランスを考えながら実行計画をし、品質を高めていきましょう。

図5-5-2　実行結果の詳細情報

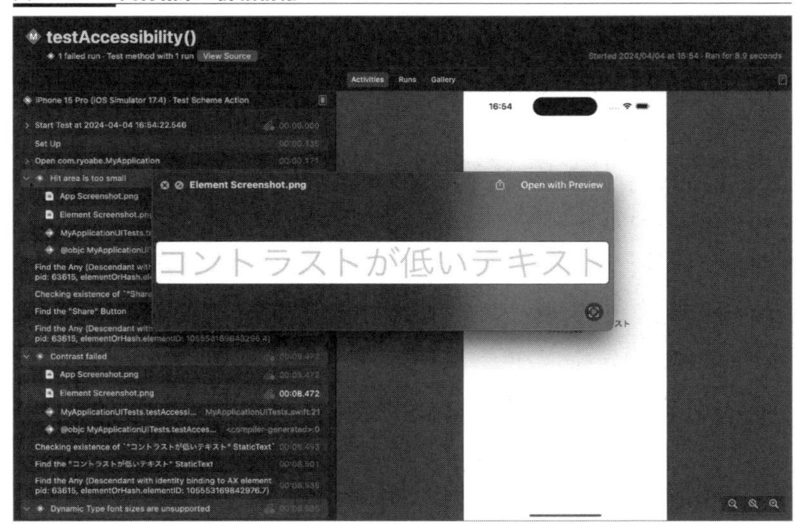

第6章

Androidアプリでアクセシビリティ機能を実装する

本章ではAndroidでアクセシビリティ機能を実装するうえでの基礎を解説します。
Androidには視覚、聴覚、四肢の不自由といったいろいろな観点からのアクセシビリティ機能が標準で用意されています。そのアクセシビリティ機能が使用されている状態で、私たちが作るアプリケーションが正常に動作しない、あるいは使いにくくてはいけません。そこで本章ではAndroidアプリのアクセシビリティ機能について解説し、正しく動作するための実装の基礎について学びます。

6.1 Androidのアクセシビリティ機能

Androidにはさまざまな観点からアクセシビリティ機能が用意されています。「設定」の「ユーザー補助」を開いてみると以下のものが確認できます。

- **スクリーンリーダー**
- **表示サイズとテキスト**
- **拡大**
- **選択して読み上げ**
- **Voice Access**
- **バイブレーションとハプティクス**
- **スイッチアクセス**
- **自動字幕起こし**
- **音声文字変換**
- **点滅による通知**

ほかにもまだまだあるのですが、この中でもアプリケーションを作るうえで関係しそうなものを説明します。

なお、Android OSのバージョンによっては標準でインストールされていない場合があります。その場合は「Google Play ストア」からインストールできます。

スクリーンリーダー——TalkBack

スクリーンリーダーはこれまでにも説明されているとおり、画面を音声で読み上げる機能です。Androidに標準でインストールされているスクリーンリーダーはTalkBackです。iOSと異なりサードパーティ製のスクリーンリーダーをインストールして使うこともできます。

アプリケーションを作成し、動作を検証するうえでは、標準でインストールされているTalkBackを使います。

音声読み上げ時はタップで位置を特定するのではなく、スワイプでフォーカスを移動させてViewを移動していきます。そのため、読み上げさせるだけではTalkBack対応は不完全で、フォーカスが適切にあたって遷移できるかも重要になってきます。

表示サイズとテキスト

表示サイズとテキストには以下の4つの項目があります。

- **フォントサイズ**
- **表示サイズ**
- **テキストを太字にする**
- **高コントラストテキスト**

フォントサイズは文字サイズを、表示サイズは文字と一緒にアイコンなどのサイズも変更します。フォントサイズはAndroid 14から2倍のサイズまでユーザーは選べるようになっています。アプリケーションを作成する際には、フォントサイズが2倍になっても表示が崩れないようにすることを心がけます。

図6-1-1はフォントサイズと表示サイズを最小に設定したもの、**図6-1-2**

図6-1-1　表示サイズとテキストで最小に設定

図6-1-2　表示サイズとテキストで最大に設定

はフォントサイズと表示サイズを最大に設定したものです。かなりの差があることがわかります。

「テキストを太字にする」は文字どおりテキストを太字にします。もともとboldにしているものもわずかですがさらに太くなります。

高コントラストテキストはテキストを黒か白にします。設定されてもコントラスト比が満たされるデザインが必要になります。

拡大

レイアウトを崩すことなくそのまま拡大します。拡大後に位置を変えたい場合は2本指で動かします。拡大の種類で、画面の一部を拡大するのか画面全体を拡大するのか、または都度切り替えボタンで切り替えるのかのオプションを選ぶことができます。**図6-1-3**は画面の一部を使用して拡大されるエリアが指定されています。エリアの右下部分に設定ボタンがあり、拡大鏡のサイズや斜めスクロールの可否、拡大サイズを変更することができます。

選択して読み上げ

スクリーンリーダーとは異なり、読み上げたいテキストや画像をタップしたり、カメラビューの中に表示されるテキストを選択して読み上げます(**図6-1-4**)。「選択して読み上げ」を開始したあと、聞きたい項目をタップすると読み上げます。また、すべての項目を読み上げるには画面下に表示される再生ボタンをタップします。

Voice Access

ユーザーが音声でスマートフォンを代表としたAndroid搭載機器をコントロールできる機能です。麻痺や震え、怪我などでスクリーンのタップ操作が困難な人のための機能です。しかし、この機能が発展すればタッチパネルなしでの操作が標準になる日もくるかもしれません。なお、現状では英語、フランス語、イタリア語、ドイツ語、スペイン語に対応していると

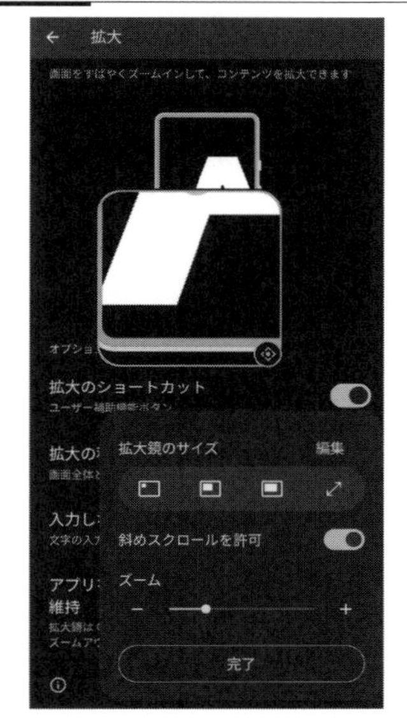

図6-1-3　拡大の使用例

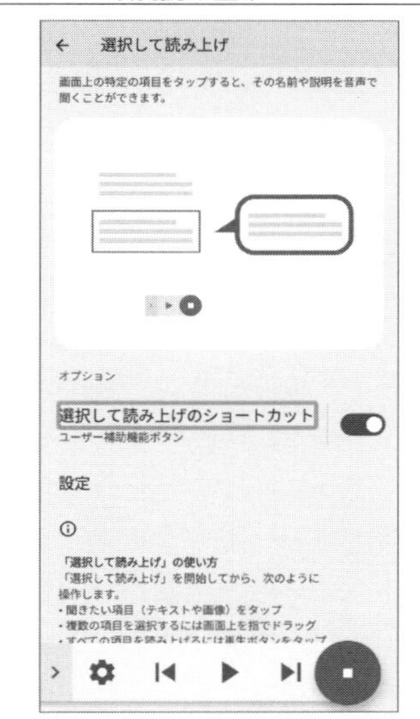

図6-1-4　「選択して読み上げ」のすべての項目読み上げ

書かれています。

Googleから提供されている「Voice Access」をGoogle Playからインストールし、「設定」→「ユーザー補助」にある「Voice Access」をオンにすることで利用できます。

タップやスワイプといった基本動作のほかにテキスト編集などもできます。操作方法はGoogleのVoice Accessのヘルプ[注1]をご覧ください。

スイッチアクセス

スイッチアクセスはタッチパネルを操作することなく、スマートフォンを代表としたAndroid搭載機器をコントロールできる機能です。Voice Accessが音声でコントロールするのに対し、スイッチアクセスは物理的なデバイスを使います。キーボードや単一のボタンをUSBやBluetoothで接続する

注1　https://support.google.com/accessibility/android/answer/6151854?sjid=3221736218007916773-AP

方法や、音量ボタンといったAndroid機器に搭載されたボタンを使う方法、スマートフォンのインカメラを使って顔のジャスチャによって操作する方法があります。

Actionできる項目を遷移していくフォーカスのことをスキャンといいます。スイッチが1つの場合と複数の場合とで操作方法が変わります。スイッチが1つの場合は「確定」が割り当てられ、スキャンが自動で移動していき、Actionしたい項目に遷移したときに、スイッチを押します。スイッチが2つの場合は「次へ」と「確定」が割り当てられ、「次へ」スイッチでスキャンをActionしたい項目まで移動させ、「確定」スイッチでActionを実行します。

またスキャンの方法にも、リニアスキャン、行-列スキャン、グループ選択の3つの方法があります。リニアスキャンは項目を1つずつ移動します。行-列スキャンは1行ずつスキャンし、行を選択したらその行内の項目を移動します。グループ選択はすべての項目に色が割り当てられます。Actionしたい項目の色に対応するスイッチを押すと、そのグループ内でさらに再グループ化されます。これを繰り返すことで最後に自分のActionしたい項目になります。

図6-1-5は、スイッチアクセスの設定をする際に表示される設定をテストするための三目並べゲームです。スイッチアクセスはTalkBackと違いオフにするための特殊な方法は必要なく、オンにしたときと同じく画面をタップすることでオフにできます。まずは気軽に触ってみるとよいでしょう。

Voice Accessもスイッチアクセスもアプリケーションを作成する側とし

図6-1-5　スイッチアクセスの設定を三目並べでテスト

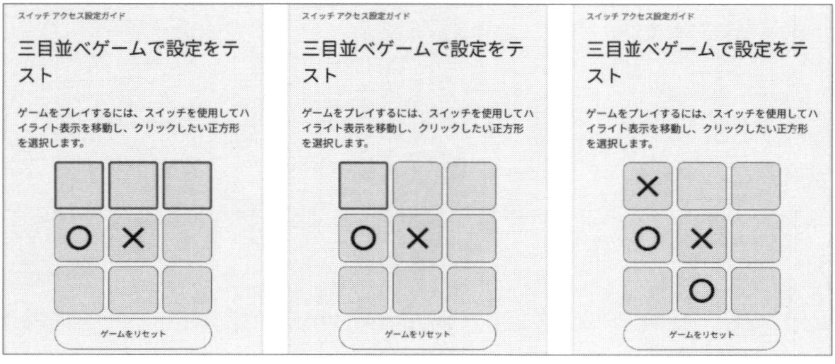

ては、ActionやViewタイプを正しくしておかないと正しく操作できないかもしれないと頭に入れておくとよいでしょう。

さらに詳しく知りたい方はGoogleの「スイッチアクセス」注2をご覧ください。

バイブレーションとハプティクス、点滅による通知

ハプティクスは振動などで皮膚感覚にフィードバックを与える技術です。通知を受け取ったときやアラームが鳴ったときにバイブレーションでユーザーに伝える設定です。

点滅による通知は、通知を受け取ったときやアラームが鳴ったときにカメラを点滅させたり、画面を点滅させたりしてユーザーに伝える設定です。

耳が聞こえない場合以外にも、音を出せない環境で通知を受け取りたい場合に使います。

6.2 TalkBackを使ってみよう

TalkBackをオンにした状態でアプリケーションが動くのはアクセシビリティの第一歩です。TalkBack対応をするためにも、まずTalkBackを使ってみましょう。

TalkBackをインストールする

TalkBackは標準で提供されていると先ほど説明しました。しかし、標準でインストールされていない場合もあります。その場合はPlayStoreからインストールが必要です。PlayStoreで「TalkBack」で検索し、「Androidユーザー補助設定ツール」と「Googleテキスト読み上げ」をインストールしてください。

注2 https://support.google.com/accessibility/android/topic/6151780?hl=ja&ref_topic=9079844&sjid=3221736218007916773-AP

TalkBackのオンとオフを覚える

TalkBackを使うにはAndroid OSの設定から行います。「設定」→「ユーザー補助」→「TalkBack」と遷移すると**図6-2-1**の画面が表示され、オンにできます。しかし、ここは焦らずにまずオフにする方法を覚えます。

当然、図6-2-1の画面でもオフにできます。しかし、TalkBackの操作がわからないとオフに戻せません。そこでもう一つのオフにする方法を紹介します。音量ボタンの大と小の両方を3秒間押すことでオフにできます。

なお、この機能を使うには事前に、「設定」→「ユーザー補助」→「TalkBack」→「TalkBackのショートカット」で表示されるダイアログ(**図6-2-2**)のショートカットサービスでTalkBackを選択しておく必要があります。

音量ボタン以外にもショートカットは用意されています。図6-2-2ではナビゲーションモードをジェスチャナビゲーションにしている場合で、2本

図6-2-1　TalkBackの設定画面

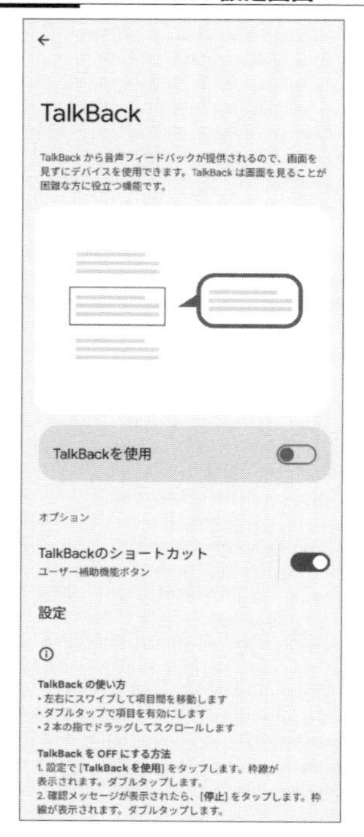

図6-2-2　「音量ボタンのショートカット」の設定画面

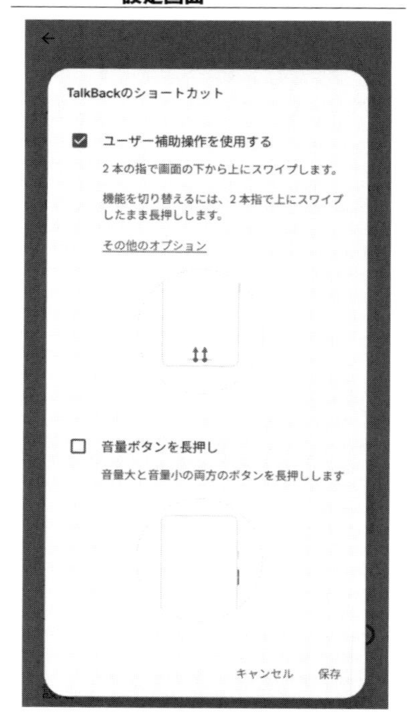

指で上スワイプすることでオフにできます。ナビゲーションモードを3ボタンナビゲーションにしている場合は**図6-2-3**のダイアログが表示され、下ナビゲーションの右側にボタンが追加されます。

ユーザー補助にユーザー補助機能のショートカットという項目があります。ユーザー補助機能のショートカット（**図6-2-4**）にユーザー補助機能ボタンがあり、ユーザー補助機能ボタンの場所が選べます。ジェスチャナビゲーションの場合には「ボタン」が選べ、3ボタンナビゲーションの場合には「他のアプリの上にフローティング」という項目が選択できます（**図6-2-5**）。ジェスチャナビゲーション時の「ボタン」も3ボタンナビゲーション時の「フローティング」も、表記が違うだけで同じ機能です。

図6-2-3　3ボタンナビゲーション時の「音量ボタンのショートカット」の設定画面

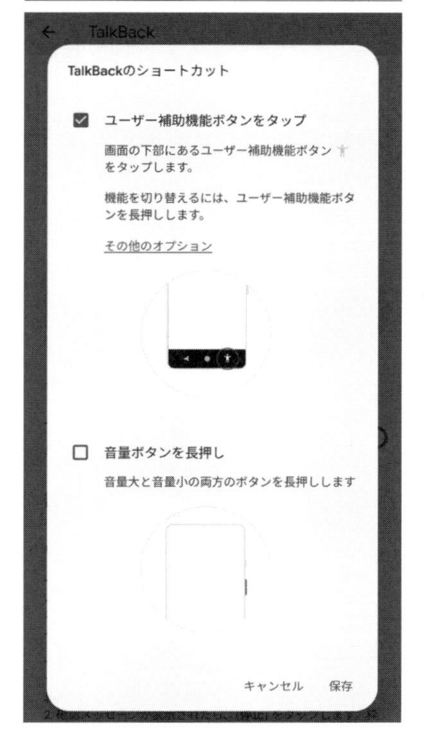

図6-2-4　ユーザー補助にユーザー補助機能のショートカット

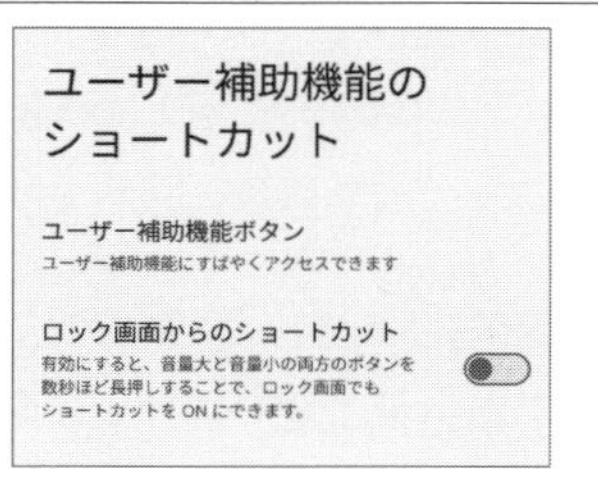

図6-2-5　他のアプリの上にフローティング

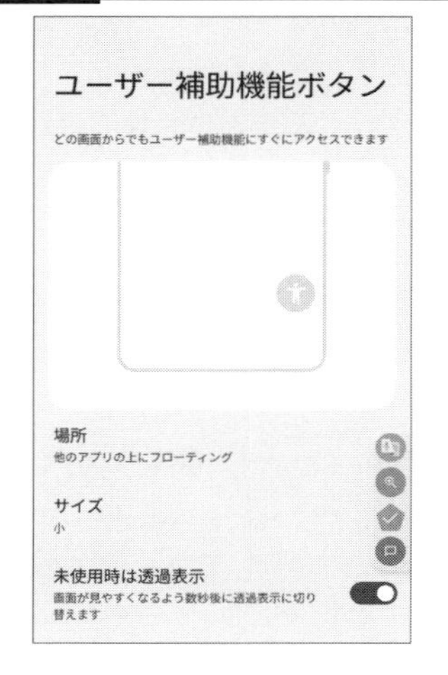

TalkBackを操作してみる

TalkBackを起動すると読み上げる箇所にフォーカスがあたっているのがわかります。最初に読み上げられるのはTalkBackのスイッチです。ここで画面内をダブルタップをするとTalkBackをオフにできます。目の見えない人はどこにフォーカスが当たっているかわかりません。そのため、フォーカスの内側をダブルタップする必要はありません。

このダブルタップはスイッチのオン／オフを切り替える、ボタンを押す、テキストを編集する、リストを選択するアクション行為で、基本動作の1つです。シングルタップの動作は何かというと、タップした場所がフォーカスがあたる位置であればフォーカスが移りますが、目が見える場合にしか使わないので、アプリケーションの動作確認をする場合はシングルタップは使いません。

次にフォーカスを移す操作です。前述したように目が見える人であれば、読みたいところをタップするとフォーカスがあたります。しかし、目が見えない人はそこをタップすることができません。そこで専用のジェスチャが用意されています。右にスワイプすると次のアイテムへ、左にスワイプすると前のアイテムへフォーカスが移ります。また、リストをスクロールしたい場合には2本指でドラッグします。

画面を遷移したりタップしたりしてコンテンツを確認していくうちに、戻るも進むもできない場面がくるかもしれません。そのViewの外側をタップすることでキャンセルできたのでTalkBackがオフの場合には問題ないと思っていても、オンの場合には行き詰まることがあります。そこで下スワイプ+左スワイプをすると、戻るためのジェスチャなので戻ることができます。

基本的にはここまでのジェスチャのみで全コンテンツを提供できるようにしておくのが理想です。TalkBackを使いこなしているユーザーは上スワイプで読み上げ単位を変えたり、上スワイプ+右スワイプでアクセシビリティ用のメニュー(**図6-2-6**)を表示させることもします。

このメニューにはTextView内にリンクがあればリンクの項目が増えたり、見出しへのジャンプやコンテナView単位での移動ができたりと便利な機能があります。しかし、そこまで考えながら操作をするとなると時間がかか

図6-2-6　TalkBackのメニュー

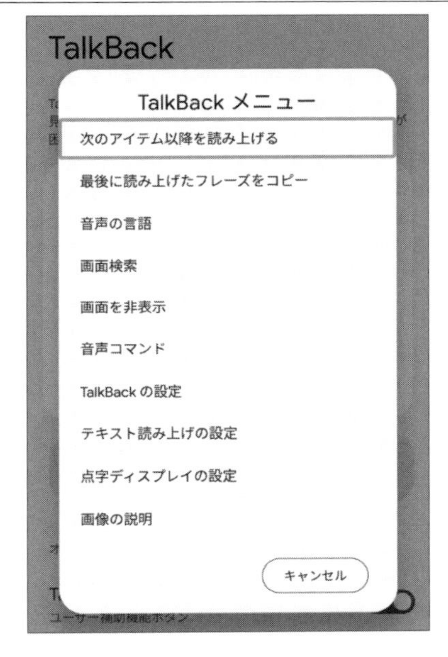

ってしまいますので、前述のとおり戻るジェスチャくらいまでですべてを提供できるようにしておきましょう。

ほかにもジェスチャがありますので、Googleのヘルプ[注3]をご覧ください。

6.3 Androidのアクセシビリティ改善をする

TalkBackでもスイッチアクセスでも、フォーカス遷移でViewを移動します。キーボードなどを接続して十字キーで操作する場合も同様です。また、TalkBackによる読み上げは目が見えていても使います。弱視の方が、レイアウトくらいは見えるが、文字を読むよりも読み上げのほうが早いという

注3　https://support.google.com/accessibility/android/topic/3529932?hl=ja&ref_topic=9078845

場合などです。そうするとフォーカス順がバラバラで順番どおりに動かないと困惑を招きます。TalkBack対応をすることで、フォーカス遷移も正しく行えるようになるので、アクセシビリティ改善といったらまずTalkBackの対応を行います。

標準コンポーネントを使用していれば、ある程度のアクセシビリティは確保されます。そこで本節では、特殊な属性を追加することなく、レイアウトの組み方や余白の付け方を気を付けることでアクセシビリティを改善できる事項について説明します。

また、フォーカス遷移を使わないでタップして操作するユーザーへのアクセシビリティも重要になります。指がないという場合もありますが、親指で操作する場合でもタップ領域が小さいとタップできません。タップ領域を確保するアクセシビリティ改善についても本節で説明します。

フォーカス順は左上から右下へ

フォーカスはレイアウトの左上から右下に向かって移動していきます。オブジェクト(View)の左上が基準となり、同じ縦位置に複数のViewがあれば一番左のViewにフォーカスがあたり、右へと順番にフォーカスが移ります。一番右のViewまで到達すると、縦方向下側のViewにフォーカスが移ります。

横書きの文字が左から始まることと、左から右へ動かすスワイプも次のViewにフォーカスが移るジェスチャであり、視認できる人もその動きのほうが違和感がありません。逆に視認できないTalkBackとジェスチャのみの人は、物理的にどっちの方向にフォーカスが移っているかよりも読み上げる順番が正しくないと困ります。

見た目は正しくきれいなレイアウトになっていても、アクセシビリティとしては実はガタガタなレイアウトになっているという場合もあります。この場合はレイアウトの調整が必要です。

段組をすると想定した順番に読み上げない

図6-3-1のような段組のレイアウトがあります。単純に考えると右列も左列も右揃えにしたいので、列ごとにLinearLayoutでまとめる方法を思い浮かべる人もいるでしょう。その場合、TalkBackの読み上げの順序は、左

図6-3-1　**段組のレイアウト例**

プログラム一式	9,999円
消費税	999円
合計	10,998円

の列をすべて読み上げてから右の列を読み上げます。この例では、プログラム一式、消費税、合計、9,999円、999円、10,998円と読み上げます。

TextViewの左上の位置で考えるとプログラム一式と9,999円の縦位置は同じです。しかし、この場合はTextViewをまとめているコンテナViewの左上の位置が基準になるので、読み上げる順番は左列→右列となり、左列の中の上から順番にプログラム一式、消費税、合計と読み上げます。

このままであっても、行数が少なければ全部覚えておき、頭の中で並べなおして理解もできます。しかし、行数が多くなって覚えられなくなると理解できません。また、視認できる場合に明らかにフォーカス順が変だとわかります。

対策としては、TableLayoutやConstraintLayoutを使うと順番に読み上げられます。ConstraintLayoutはLayoutの入れ子をせずに今回のようなレイアウトを実現できます。TableLayoutは文字どおり表としてレイアウトを作成できます。以下はConstraintLayoutの例です。

```
<androidx.constraintlayout.widget.ConstraintLayout
  android:id="@+id/container"
  android:layout_width="match_parent"
  android:layout_height="wrap_content">

  <androidx.appcompat.widget.AppCompatTextView
    android:id="@+id/price_item"
    android:layout_width="wrap_content"
    android:layout_height="wrap_content"
    android:text="9,999円"
    app:layout_constraintEnd_toEndOf="parent"
    app:layout_constraintTop_toTopOf="parent" />

  <androidx.appcompat.widget.AppCompatTextView
    android:id="@+id/price_tax"
    android:layout_width="wrap_content"
    android:layout_height="wrap_content"
```

```
    android:text="999円"
    app:layout_constraintEnd_toEndOf="parent"
    app:layout_constraintTop_toBottomOf="@+id/price_item" />

  <androidx.appcompat.widget.AppCompatTextView
    android:id="@+id/price_total"
    android:layout_width="wrap_content"
    android:layout_height="wrap_content"
    android:text="10,998円"
    app:layout_constraintEnd_toEndOf="parent"
    app:layout_constraintTop_toBottomOf="@+id/price_tax" />

  <androidx.constraintlayout.widget.Barrier
    android:id="@+id/amount_barrier"
    android:layout_width="wrap_content"
    android:layout_height="wrap_content"
    app:barrierDirection="start"
    app:constraint_referenced_ids="price_item,price_tax,price_total" />

  <androidx.appcompat.widget.AppCompatTextView
    android:layout_width="wrap_content"
    android:layout_height="wrap_content"
    android:labelFor="@+id/price_item"
    android:text="プログラム一式"
    app:layout_constraintBottom_toBottomOf="@+id/price_item"
    app:layout_constraintEnd_toStartOf="@id/amount_barrier"
    app:layout_constraintTop_toTopOf="@id/price_item" />

  <androidx.appcompat.widget.AppCompatTextView
    android:layout_width="wrap_content"
    android:layout_height="wrap_content"
    android:labelFor="@+id/price_tax"
    android:text="消費税"
    app:layout_constraintBottom_toBottomOf="@+id/price_tax"
    app:layout_constraintEnd_toStartOf="@id/amount_barrier"
    app:layout_constraintTop_toTopOf="@+id/price_tax" />

  <androidx.appcompat.widget.AppCompatTextView
    android:layout_width="wrap_content"
    android:layout_height="wrap_content"
    android:labelFor="@+id/price_total"
    android:text="合計"
    app:layout_constraintBottom_toBottomOf="@+id/price_total"
    app:layout_constraintEnd_toStartOf="@id/amount_barrier"
    app:layout_constraintTop_toTopOf="@+id/price_total" />

</androidx.constraintlayout.widget.ConstraintLayout>
```

余白の付け方で読み上げ順が変わる場合がある

Viewで余白を設定するのにlayout_marginとpaddingがあります。Buttonのように枠が用意されている場合は枠の外側がlayout_marginで内側がpaddingとわかると思うのですが、TextViewだと枠がないのでどちらを設定してもテキストの位置が同じに見えます。しかし、実際には透明の枠があると想像してください。あるいは背景を塗りつぶしてみるとわかりやすいです。見た目は一緒でも位置はずれているのです。

フォーカス順序はまず縦方向の上のものから優先し、同じ高さのものは左から順に遷移します。通常であればlayout_marginとpaddingのどちらを使っていても、外側の左上を起点にフォーカスが遷移します。あまり再現しないのですが、これがズレることがあります。その場合、このlayout_marginとpaddingをどちらかにそろえると、きれいに動く場合があります。頭の片隅に置いておくとその現象が起こった際に役にたちます。

タップ領域を確保する

タップできる領域が小さすぎるとタップしづらい場合があるという話をしました。Googleが提供するMaterial Designのガイドライン[注4]では、タップ領域の最低値が48dp × 48dpと定められています。このタップ領域は画面サイズに関係なく9mm程度になるとされており、7〜10mm程度を確保するよう推奨されています。

タップさせたい対象がそれ以下の大きさの場合の対応方法ですが、余白を付けてタップ領域のみを広げてアイコンなどのコンテンツの大きさを維持します。読み上げのときと同様に、余白は注意が必要です。見た目として余白を付ける方法に、layout_margin、paddingがやはり最初に思い浮かぶと思います。それに加えて、minWidth、minHeightなど、縦と横の最小値を設定する方法もあります。

ヘルプなどのアイコン画像をタップさせたい場合に、ImageViewにonClickイベントを付けている場合もあるでしょう。この場合にminWidth、minHeightを指定すると画像の最小サイズを設定することになり、画像サイズが48dp以

注4　https://m3.material.io/styles

下のものは48dpまで拡大されます。その対応としては余白を付けます。layout_marginはタップ領域の外側の余白になるため、タップ領域を広げるためにはpaddingを使います。ですが、基本的に画像をボタンのようにタップさせたいのであれば、ImageButtonで画像のタップイベントを付けることを推奨します。

ImageButtonやButtonの場合は、minWidth、minHeightで48dpを指定することで48dpを確保できます。もちろん余白であるpaddingでも調整可能です。これはButtonオブジェクトの中にTextViewやImageViewが内包されているためで、padding、minWidth、minHeightは画像やテキストの外側で枠の内側の余白を設定するためです。

```
<androidx.appcompat.widget.AppCompatImageButton
  android:width="wrap_content"
  android:height="wrap_content"
  android:minHight="48dp"
  android:minWidth="48dp"
  android:srcCompat="@drawable/ic_android_24"
/>
```

48dpを確保するとレイアウト上でとなりのViewとの余白が広がってしまう場合は、テキストや画像といった対象が48dp × 48dpの中央にあることにこだわらず、上下や左右のpaddingを変えることも検討します。

```
<androidx.appcompat.widget.AppCompatImageButton
  android:width="wrap_content"
  android:height="wrap_content"
  android:padding_start="8dp"
  android:padding_end="16dp"
  android:padding_vertical="12dp"
  android:srcCompat="@drawable/ic_android_24"
/>
```

字の大きさが変わっても見切れないようにする

Android 14から、フォントサイズを200％まで上げることが可能となりました。200%までフォントサイズを上げてもレイアウト崩れをしないよう、文字が見切れないように作る必要があります。

本項で説明する図6-3-2～図6-3-6は、左側はフォントサイズ最小かつ表示サイズ最小かつテキストを太字にしないの設定で表示したものです。右側は、フォントサイズ最大かつ表示サイズ最大かつテキストを太字にするの設定で表示したものです。左右どちらもソースコードは同じものです。

なお、ボタンと表示していますが、buttonでソースコードを作成するとデフォルトで余白が入っている部分があるため、ここでは便宜上TextViewで作成しています。

Viewの縦横のサイズは固定したり、行数しばりをすると視認性を悪くします。**図6-3-2**は縦のサイズを48dpで固定しています。最小サイズの場合は問題ありませんが、最大サイズの場合は文字が入りません。

図6-3-3も縦のサイズを48dpで固定していますが、行数指定をしています。行数指定した場合は`android:ellipsize="end"`などで三点リーダーを入れて文字を省略させることがあると思いますが、文字サイズを最大にすると想定の文字数よりも少ない文字しか入らなくなるので意味が伝わらなくなります。図6-3-3がその例で3文字と三点リーダーでは内容は伝わりません。かといって行数指定をしない場合は、そのまま文字がViewの外縁で見切れてしまいます。その例が図6-3-2で、ボタンの「ン」が「ボタ」の下に少し見切れて表示されています。

図6-3-4は`padding`がないため、最大化した際に余白がなくなっています。すごく窮屈な見た目になってしまいます。

図6-3-5は`minHeight`を省略しているため、最小化した際にタップ領域の最小値48dpを下回っています。

図6-3-2　高さをlayout_heightで固定する

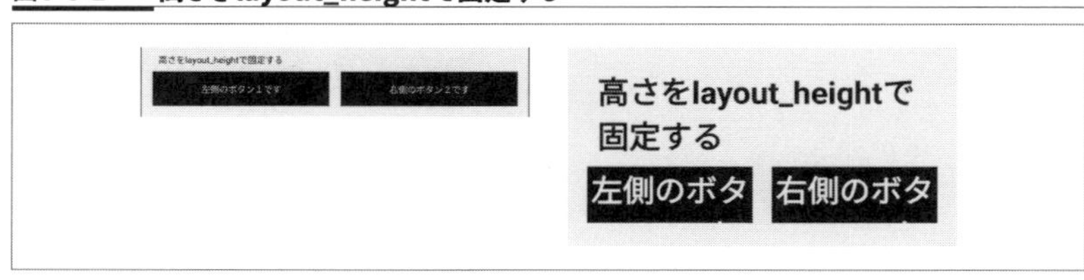

図6-3-3　高さをlayout_heightで固定し、lines="1"、ellipsize="end"で指定

これらの事象を踏まえると、縦サイズは固定せずにwrap_contentを使い、タップ領域を確保するために最低サイズを指定する場合は、paddingで計算しようとせずにandroid:minHeightを使います。文字を最大化した際の余白確保のためにpaddingも考えます。横サイズに関しては逆にwrap_contentを使うと文字を1行で埋めようとして見切れてしまうことがあるので、match_parentや固定サイズを使います。また、よほどの事情がない限りは改行を考えたデザインをしたほうがよいでしょう。**図6-3-6**のようになります。

図6-3-4　高さを固定せず、minHeight="48dp"を指定

図6-3-5　高さを固定せず、padding="8dp"を指定

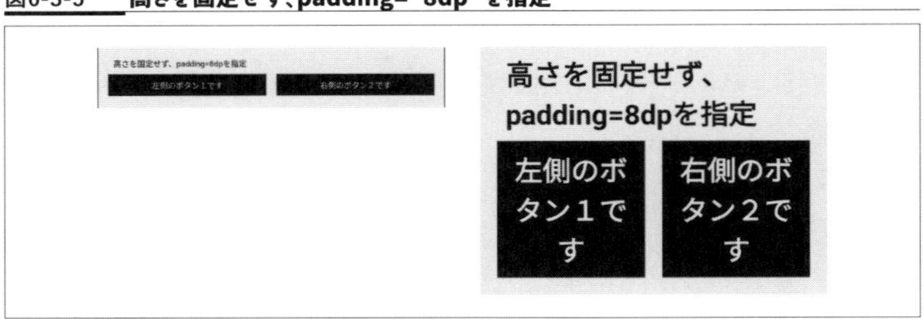

図6-3-6　高さを固定せず、padding="8dp"、minHeight="48dp"を指定

```
<androidx.appcompat.widget.AppCompatTextView
  android:layout_width="match_parent"
  android:layout_height="wrap_content"
  android:layout_marginStart="16dp"
  android:layout_marginEnd="16dp"
  android:minHeight="48dp"
  android:padding="8dp"
  android:text="サンプルテキスト"
/>
```

テキストリンクはタップ領域を満たさない

TextViewの中にテキストリンクのようにアンカーのリンクを付けるケースがあると思います。テキストの中のリンクをTalkBackで認識させるには、URLSpanを使うと上スワイプ+右スワイプのアクセシビリティ用のメニューにリンクという項目が追加されてリンク遷移できます。また、テキスト内にリンクが1つしかない場合はTextView自体がダブルタップできるようになっていて、リンク処理が実行されます。

```
view.findTextViewById(R.id.link).let { linkView ->
  val original = "この文はリンクのタップテストをします。ボタンではありません。"
  val spannable = original.toSpannable()
  val matcher = Pattern.compile("リンク").matcher(original)
  while(matcher.find()) {
  val urlSpan = object : URLSpan(matcher.group()) {
    override fun updateDrawState(ds: TextPaint) {
      super.updateDrawState(ds)
      ds.isUnderlineText = true
    }

    override fun onClick(widget: View) {
      // リンクタップ時の処理
    }
  }

  spannable.setSpan(
    urlSpan,
    matcher.start(),
    matcher.end(),
    Spanned.SPAN_EXCLUSIVE_EXCLUSIVE
  )
  linkView.text = spannable
  linkView.movementMethod = LinkMovementMethodCompat.getInstance()
}
```

図6-3-7　1つのTextViewに複数のUrlSpanの例

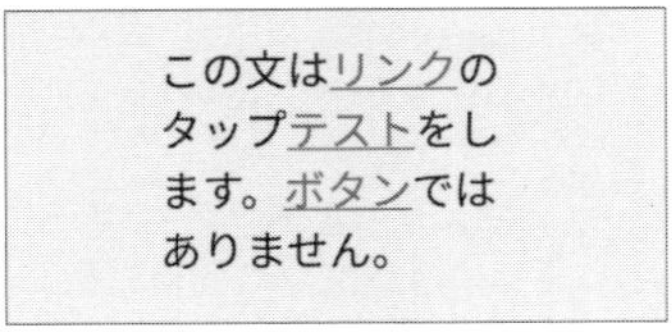

しかしこのテキスト内のリンクは縦横サイズ48dpを満たしていません。たとえば、テキスト内にリンクが複数あって連続した行の同じような位置にあったとしたら、常に思ったリンクをタップできるとは限りません(**図6-3-7**)。文字の表示エリア、サイズはユーザーの設定によって変わってくるので、作成時の想定と位置が異なることがあります。

もしテキストリンクしかないTextViewにできるのであれば、Buttonをテキストリンク風のデザインにすることでタップ領域は満たされ、Actionがあるというのもわかるのでボタンを使うほうがよいでしょう。

6.4 アクセシビリティ用の属性を使った改善

標準コンポーネントを使い、通常の属性を使うだけではアクセシビリティ改善としては物足りない場合があります。そのため、AndroidのUIパーツであるViewにはアクセシビリティ用の属性が用意されています。その属性を設定すればさらなるアクセシビリティの改善が可能です。

本節では、基本となるアクセシビリティ用の各属性について解説します。複数組み合わせた例や思いどおりに動かない場合といった発展的な使い方については、次章の「Androidアプリをさらに使いやすくする」で触れます。

本節内で「コンテナView」という単語を使用しますが、これはLinearLayoutやFrameLayout、RelativeLayout、ContentLayoutといったViewGroupを継承しているViewを指します。

contentDescription——コンテンツの説明をする

contentDescription属性は文字どおりコンテンツの説明をするものです。HTMLで画像に読み上げの文章を設定するのに使うalt属性と似ています。contentDescription属性は画像以外にTextViewにも設定できます。TextViewにtext属性とcontentDescription属性の両方を設定して、見た目はtext属性で設定した文章が表示され、読み上げにはcontentDescription属性で設定した文章が読み上げるといったこともできます。

```
<androidx.appcompat.widget.AppCompatTextView
  android:width="wrap_content"
  android:height="wrap_content"
  android:text="下の図をご覧ください"
  android:contentDescription="次の画像をご覧ください" />
```

ただし、似たような文章を2つの属性に設定することになり、管理も二重になります。回避するにはcontentDescription属性を使わなくても読み上げのみで伝わる文章を心がけます。

また、ImageViewではcontentDescription属性を付けないとWarningになります。Warningを消すためだけに空で設定している人もいると思います。HTMLのalt属性でもそうしている人はいます。しかし、それは悪しき習慣ですので、意味のある画像に関してはユーザーが正しく理解できるよう設定します。

```
<androidx.appcompat.widget.AppCompatImageView
  android:width="wrap_content"
  android:height="wrap_content"
  android:src="sample.jpg"
  android:contentDescription="サンプル画像" />
```

importantForAccessibility——「読み上げない」を指定する

importantForAccessibility属性は、そのViewを読み上げるかどうかを設定する属性です。文字どおりアクセシビリティにとって必要なViewかを設定します。TextViewにimportantForAccessibility=noと設定するとそのViewにはフォーカスが遷移せず、読み上げられません。

importantForAccessibility=noをImageViewに設定すると、フォーカスが当

たらなくなります。読み上げる意味のない画像の場合は、contentDescription属性を空にすることでも実現できます。しかし、空を許容すると意図せず空を入れる場合もあり得ますので、意図してimportantForAccessibility=noを設定する方法をお勧めします。importantForAccessibility=noを設定するとcontentDescription属性のWarningは発生しません。

labelFor――ラベル付けする

ユーザーが、フォーム(EditText)にフォーカスがあたった際に、何を入力するのかという疑問を持つことがあります。直前のテキストに関連した文字を入力するのだろうとユーザーが推測することはできます。また、hint属性から推測できる場合もありますが、たとえば0としか表示されていないhintだと何の数字かはわかりません。そこでlabelFor属性があります。

labelFor属性は付けても見た目上変化がないため、付けていないことが多いかもしれません。しかし、レイアウト上、ラベルの役割をしているTextViewにEditTextのidを付けてこの属性を設定すると、EditTextにフォーカスがあたった際にラベルも同時に読み上げてくれます。

```
<androidx.appcompat.widget.AppCompatTextView
  android:id="label"
  android:width="wrap_content"
  android:height="wrap_content"
  android:text="名前"
  android:labelFor="@+id/contents" />

<androidx.appcompat.widget.AppCompatEditText
  android:id="contents"
  android:width="wrap_content"
  android:height="wrap_content"
  android:hint="入力してください"
  android:text="" />
```

このサンプルコードでは、contentsというidの付いたAppCompatEditTextにフォーカスが当たると「名前の入力してください」と読み上げられます。ここで「名前の」の「の」と読み上げている箇所はTalkBackが自動で付けています。すなわち、「ラベルの内容」「の」「hintの内容」となります。なお、ユーザーがEditTextに入力をしたあとに、再度EditTextにフォーカスを移すと、「ラベル名」「の」「ユーザーが入力した内容」となります。

アクセシビリティを意識する観点で、フォームにはこの属性を積極的に付けるようにしましょう。

screenReaderFocusable——子Viewを一括で読み上げる

Android 9以上をターゲットとしている場合にはscreenReaderFocusable属性を使うと、LinearLayoutなどのコンテナView内の要素を一括して読ませることで、フォーカスする回数を減らせます。Android 9未満もターゲットとしている場合はscreenReaderFocusable属性の代わりにfocusable属性を使うと同様の制御ができそうに見えるのですが、キーボードなどほかの操作方法で混乱を生むのでお勧めしません。

使い方としては、コンテナViewにscreenReaderFocusable=trueを設定し、TextViewなどの子Viewにfocusable=falseを設定します。

以下のサンプルコードでは、LinearLayoutにフォーカスがあたり、AppCompatTextViewにはあたりません。読み上げは「1行目 2行目」となります。

```
<LinearLayout
  android:width="wrap_content"
  android:height="wrap_content"
  android:screenReaderFocusable=true
  android:orientation="vertical" />

  <androidx.appcompat.widget.AppCompatTextView
    android:width="wrap_content"
    android:height="wrap_content"
    android:focusable=false
    android:text="1行目" />

  <androidx.appcompat.widget.AppCompatTextView
    android:width="wrap_content"
    android:height="wrap_content"
    android:focusable=false
    android:text="2行目" />
</LinearLayout/>
```

このLinearLayout内にcontentDescriptionを追加すると、contentDescriptionで指定した文章を代わりに読み上げます。

```
<LinearLayout
  android:width="wrap_content"
  android:height="wrap_content"
  android:screenReaderFocusable="true"
  android:contentDescription="コンテンツのまとめ"
  android:orientation="vertical" />

  <androidx.appcompat.widget.AppCompatTextView
    android:width="wrap_content"
    android:height="wrap_content"
    android:focusable="false"
    android:text="最初のコンテンツです。" />

  <androidx.appcompat.widget.AppCompatTextView
    android:width="wrap_content"
    android:height="wrap_content"
    android:focusable="false"
    android:text="最後のコンテンツです。" />
</LinearLayout/>
```

ところが、無闇に全部まとめてしまうと誤解を招く恐れもあります。**図6-4-1**のような内容を一括で読み上げると「かんじょうかもく だっしゅ せんえん」となります。半角の「-」はマイナスと読み上げることはあまりなく、ダッシュやハイフンと読み上げてもマイナスと認識されます。ここでは、「勘定科目が未選択で1000円」という意味なのですが、勘定科目が選択されていない場合がダッシュだと思わずに空であるとも考えてしまいます。そうするとこの「かんじょうかもく だっしゅ せんえん」は「勘定科目が未選択で-1000円」と解釈することもできてしまうのです。そのためまとめて読み上げずに、「かんじょうかもく だっしゅ」と「せんえん」にわけてフォーカスがあたって読み上げると誤解しなくなるでしょう。

まとめて読み上げてフォーカス回数を少なくするのことのみを考えるのは正ではなく、どのような内容が入るのかを確認したうえでまとめて読み

図6-4-1　誤解を生む「まとめて読み上げ」

上げる設定を使いましょう。

```
<androidx.constraintlayout.widget.ConstraintLayout
  android:layout_width="wrap_content"
  android:layout_height="wrap_content"
  android:screenReaderFocusable="true">

  <androidx.appcompat.widget.AppCompatTextView
    android:id="@+id/content_1"
    android:layout_width="wrap_content"
    android:layout_height="wrap_content"
    android:focusable="false"
    android:text="勘定科目"
    app:layout_constraintBottom_toTopOf="@+id/content_3"
    app:layout_constraintEnd_toStartOf="@+id/content_2"
    app:layout_constraintStart_toStartOf="parent"
    app:layout_constraintTop_toTopOf="parent" />

  <androidx.appcompat.widget.AppCompatTextView
    android:id="@+id/content_2"
    android:layout_width="wrap_content"
    android:layout_height="wrap_content"
    android:focusable="false"
    android:text="-"
    app:layout_constraintBottom_toTopOf="@+id/content_4"
    app:layout_constraintEnd_toEndOf="parent"
    app:layout_constraintStart_toEndOf="@+id/content_1"
    app:layout_constraintTop_toTopOf="parent" />

  <androidx.appcompat.widget.AppCompatTextView
    android:id="@+id/content_3"
    android:layout_width="wrap_content"
    android:layout_height="wrap_content"
    android:focusable="false"
    android:text="1,000"
    app:layout_constraintBottom_toBottomOf="parent"
    app:layout_constraintEnd_toStartOf="@+id/content_4"
    app:layout_constraintStart_toStartOf="parent"
    app:layout_constraintTop_toBottomOf="@+id/content_1" />

  <androidx.appcompat.widget.AppCompatTextView
    android:id="@+id/content_4"
    android:layout_width="wrap_content"
    android:layout_height="wrap_content"
    android:focusable="false"
    android:text="円"
    app:layout_constraintBottom_toBottomOf="parent"
    app:layout_constraintEnd_toEndOf="parent"
```

```
    app:layout_constraintStart_toEndOf="@+id/content_3"
    app:layout_constraintTop_toBottomOf="@+id/content_2" />
</androidx.constraintlayout.widget.ConstraintLayout>
```

accessibilityHeading——見出しを設定する

Android 9（APIレベル28）以降であれば、accessibilityHeading=trueと属性を追加するだけでTextViewに見出しを付けることができます。見出し設定されたViewにフォーカス遷移した際に見出しだと認識できるだけでなく、見出し間を移動できるようになります。複数の見出しがあるページを提供する際には、見出しを設定することで柔軟なナビゲーションを提供できます。

accessibilityPaneTitle——領域のタイトルを付ける

視覚的にわかりやすくした、文字はないが意味のある領域がある場合に、その領域の意味を知らせます。実際に文字は表示されず、読み上げるのみになります。使い方はcontentDescriptionと同じように文字を設定します。

```
<LinearLayout
  android:width="wrap_content"
  android:height="wrap_content"
  android:accessibilityPaneTitle="この枠内には重要な情報が含まれています"
  android:orientation="vertical" />
```

accessibilityTraversalAfterとaccessibilityTraversalBefore——アクセシビリティフォーカスの移動順序を変える

accessibilityTraversalAfterとaccessibilityTraversalBeforeは、読み上げ順序を変えることができます。accessibilityTraversalAfter="@+id/afterContent"と指定すると、afterContentの次にフォーカスがあたります。逆にaccessibilityTraversalBefore="@+id/beforeContent"と指定すると、beforeContentの前にフォーカスがあたります。

これはアクセシビリティ上、その順番のほうが内容が伝わる場合に使います。nextFocusDown、nextFocusLeftを使用しても同じ挙動になりますが、nextFocusと異なるのは、キーボードをつなげてTalkBackを使用していない場合のキーボードでのフォーカス遷移の場合には順序は変わりません。

accessibilityLiveRegion——Viewの内容が変わったときに通知する

accessibilityLiveRegion属性は、属性を指定したViewに変更があった際に変更後の内容を読み上げます。その際、属性を指定したViewにフォーカスがあたっている必要はありません。accessibilityLiveRegion属性は、今読み上げている文章のあとに変更したものを読み上げるpoliteと、今読み上げている文章をキャンセルして変更したものを読み上げるassertiveを指定できます。

ボタンをタップするなど自分がアクションした結果で変わる実装をした場合、アクションした瞬間に読み上げはキャンセルされてしまうので、politeを指定してもassertiveを指定してもすぐに変更後のものを読み上げます。将来的に挙動が変わることも想定し、どんなものを遮ってでも読み上げるべきだと思うときはassertiveを指定し、読み上げさせたいが割り込ませるほどでもない場合はpoliteを指定しましょう。

accessibilityFlags、accessibilityFeedbackType、accessibilityEventTypes、accessibilityDataSensitive——独自のユーザー補助サービスを作るとき用

ソースを書いているときに関数や属性の候補から選ぼうとしたときにaccessibilityFlags、accessibilityFeedbackType、accessibilityEventTypes、accessibilityDataSensitiveを見かけます。これらは独自のユーザー補助サービスを作成し、提供する場合に使います。

本書の範囲を外れますので、興味のある方は「独自のアクセシビリティサービスを作成する」[注5]をご覧になりチャレンジしてください。

注5 https://developer.android.com/guide/topics/ui/accessibility/service?hl=ja

第7章 Androidアプリをさらに使いやすくする

本章では、Androidでアクセシビリティ機能を実装するうえで気を付けることと、テスト方法について解説します。Androidで用意されている標準のコンポーネントを使い、前章で解説した属性を利用することでアクセシビリティの改善ができている場合が多いです。しかし、正しい使い方をしないと意図しない挙動が発生することがあります。前半ではアプリケーションのアクセシビリティ機能が意図しない挙動をする場合の例とその解決方法について学びます。後半では、アクセシビリティを実際にテストする方法について解説します。

7.1 見た目は問題ないのに想定どおりに動かない

見た目はきれいにレイアウトを組んでいて、読み上げも大丈夫そうに見える場合でも、想定していない動きをする場合があります。本節ではフォーカス順が変わるケースなどを紹介します。

本章内で「コンテナView」という単語を使用しますが、これはLinearLayoutやFrameLayout、RelativeLayout、ContentLayoutといったViewGroupを継承しているViewを指します。

Layout内コンテンツの読み上げ開始が遅い ――まとめて読ませるかバラバラに読ませるか

LinearLayoutなどのコンテナViewの子要素としてTextViewが複数入っているとします。6.4節「アクセシビリティ用の属性を使った改善」でも説明しましたが、自動でコンテナView内の全文を読み上げる方法があり、そのほうがフォーカスの回数が減らせて、ユーザーが楽をできます。

LinearLayoutなどコンテナView内のコンテンツをまとめて読み上げさせる方法は2つあります。1つ目はコンテナのViewGroupに`importantForAccessibility=yes`と属性を設定します。

```
<LinearLayout
  android:layout_width="wrap_content"
  android:layout_height="wrap_content"
  android:importantForAccessibility="yes"
  android:orientation="vertical">

  <androidx.appcompat.widget.AppCompatTextView
    android:layout_width="wrap_content"
    android:layout_height="wrap_content"
    android:text="1行目" />

  <androidx.appcompat.widget.AppCompatTextView
    android:layout_width="wrap_content"
    android:layout_height="wrap_content"
    android:text="2行目" />
</LinearLayout>
```

2つ目はコンテナViewに`screenReaderFocusable=true`と属性を設定し、

TextViewなどの子Viewにfocusable=falseを設定します。

```
<LinearLayout
  android:layout_width="wrap_content"
  android:layout_height="wrap_content"
  android:screenReaderFocusable="true" >

  <androidx.appcompat.widget.AppCompatTextView
    android:layout_width="wrap_content"
    android:layout_height="wrap_content"
    android:focusable="false"
    android:text="1行目" />

  <androidx.appcompat.widget.AppCompatTextView
    android:layout_width="wrap_content"
    android:layout_height="wrap_content"
    android:focusable="false"
    android:text="2行目" />
</LinearLayout/>
```

しかし、相当古い端末ではありますがNexus5のAndroid6の環境で試したところ、すべてがまとまっていて文字数が多い場合に読み上げ開始までの時間が長くなりました（一方、最新の機種とOSで試すとすぐに開始されました）。古い端末でも、1つのTextViewにすべての文字を入れた場合は、読み上げ開始は遅くなりません。

昔々、インターネット環境が遅い時代には、画像の表示待ち時間にユーザーが離脱するという話もありました。同様に、アクセシビリティの世界では読み上げ開始までの時間が長いとコンテンツがないと思われて、読み上げ開始前にスキップされてしまいます。個人差もあると思いますが、読み上げ開始まで1秒も待てないという人もいました。

そこで、まとめたコンテナのViewGroupにcontentDescription属性を使って子Viewの内容をまとめて設定します。遅くなるのは、コンテナView内の子Viewのテキストをすべてピックアップしてつなげているからです。そもそもその子Viewのテキストはプログラム内で動的に設定している場合が多いので、子Viewに設定するタイミングでまとめた文も生成していき、まとまった段階でコンテナViewに設定します。

```
<LinearLayout
  android:layout_width="wrap_content"
  android:layout_height="wrap_content"
```

```
  android:contentDescription="1行目 2行目"
  android:screenReaderFocusable="yes" >

  <androidx.appcompat.widget.AppCompatTextView
    android:layout_width="wrap_content"
    android:layout_height="wrap_content"
    android:focusable="false"
    android:text="1行目" />

  <androidx.appcompat.widget.AppCompatTextView
    android:layout_width="wrap_content"
    android:layout_height="wrap_content"
    android:focusable="false"
    android:text="2行目" />
</LinearLayout/>
```

ただし、コンテンツが長い場合、本当に知りたい情報がそこにあるのかも全部読み上げ終わるまで待つ必要があります。また、再度フォーカスをあてた際には最初からの読み上げになり、知りたい情報が読み上げられるまでの時間もかかります。

ここではまとめたい、ここではばらしたいなどを意識してimportantForAccessibility属性やscreenReaderFocusable属性を常に設定しておくのがよいでしょう。

ダイアログを開いたときに、コンテンツではなく下にあるボタンを自動で先に読み上げてしまう

図7-1-1のようなAlertDialogを開いた際、中身のコンテンツがあるにもかかわらず、下にある「キャンセル」のボタンを先に読み上げてしまうケ

図7-1-1　**AlertDialogの例**

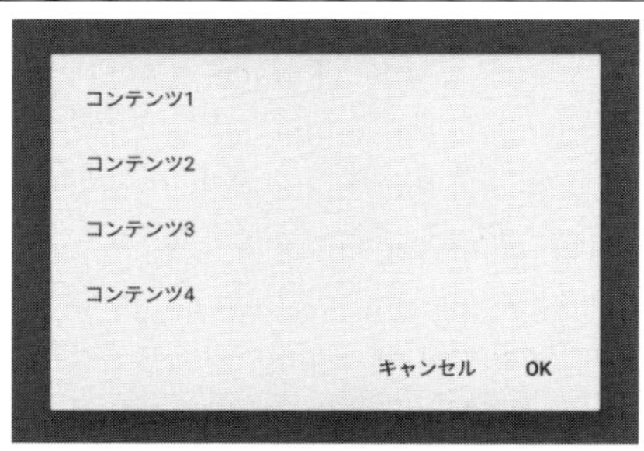

ースがあります。

まず、このAlertDialogにはタイトルがありません。そしてこのコンテンツはリストになっていてitemをセットする形式になっています。AlertDialogが作られたあとにitemがセットされるため、ダイアログができたタイミングで読み上げ可能なコンテンツが「キャンセル」ボタンと「OK」ボタンとなり、左にある「キャンセル」ボタンが先に読み上げられました。

もしタイトルがあればタイトルを先に読み上げていました。基本的にタイトルは付けておくべきです。特に読み上げのみの場合、ダイアログが表示されてそれがリストになっているとなると、混乱する可能性もあります。それでもタイトルがないリストのみのAlertDialogが欲しい場合は、accessibilityPaneTitleを使って読み上げのときのみAlertDialogのタイトルを付けるという方法もあります。

```
AlertDialog.Builder(requireContext())
    .setPositiveButton("ok") { _, _ -> }
    .setNegativeButton("キャンセル") { _, _ -> }
    .setItems(
        arrayOf(
            "コンテンツ1",
            "コンテンツ2",
        )
    ) { _, _ -> }
    .create()
    .apply {
        window?.decorView?.accessibilityPaneTitle = "コンテンツリストです"
    }
```

一部の文字を読み上げない

記号の組み合わせで読み上げなかった例がありました。こういうものはTalkBackのバージョンが上がると対応されることもあるので、自力で対応するかどうかは内容次第でしょう。

筆者はマイナスの金額の問題に遭遇したこともあります。-￥1000と書かれたTextViewがあります。このTextViewをTalkBackで読み上げると、「せんえん」と読み上げたのです。1文字ずつ読み上げる方法で読み上げれば「ダッシュ」「ハイフン」「マイナス」のいずれかで読み上げます。何も読み上げないとそもそもマイナスの存在に気付きようがないので、そのまま「せんえん」であると勘違いさせてしまいます。

この場合、マイナスと読み上げないのは真逆な数字で致命的なので、以下のような対応をしました。金額は動的に入れたいので、ソース上で対応しました。

```
val moneyView: TextView = root.findViewById("money_view")
moneyView.text = "-¥1,000"
moneyView.contentDescription="まいなす1000えん"
```

読み方が違う程度であれば、なんとなく気付いて1文字ずつ読み上げて確認もできるのですが、読み上げないのはユーザー自身で解決することも困難です。読み上げない文字がないかの確認も重要です。

コンテンツの上に表示させるものが意図どおりに動かない

コンテンツの上に表示させるものに、Toast、SnackBar、Dialogなどがあります。それぞれ気を付けて使わないとアクセシビリティが悪くなる場合があります。

Toastは画面の中央付近に表示され、一定時間経過すると自動で消えます。このToastを通信エラーの際に表示している場合は注意が必要です。Toastが連続で表示されると、コンテンツを読み上げる前だけでなく、操作している最中にもToastの内容を読み上げます。また、Toastを表示したタイミングで右フリックをして次のコンテンツにフォーカスが移ると、Toastの読み上げはキャンセルされます。

重要だったToastが混じっていて意図せずキャンセルしたことで、Toastの内容がわからなくなるケースも出てきます。Toastは連続で出力しないようにしましょう。

SnackBarは画面の下のほうに表示され、これも一定時間経過すると自動で消えます。設定しだいでは自動で消えずにactionを待つこともできます(**図7-1-2**)。

しかし、このSnackBarのactionは画面の一番下、すなわち最後のほうにあるので、右スワイプで進んでいくとなかなかたどり着けません。SnackBarが閉じられずに操作を続けるケースが多くなります。SnackBarのactionに重要な動作を付けるのはやめましょう。

図7-1-2 SnackBarのactionの例

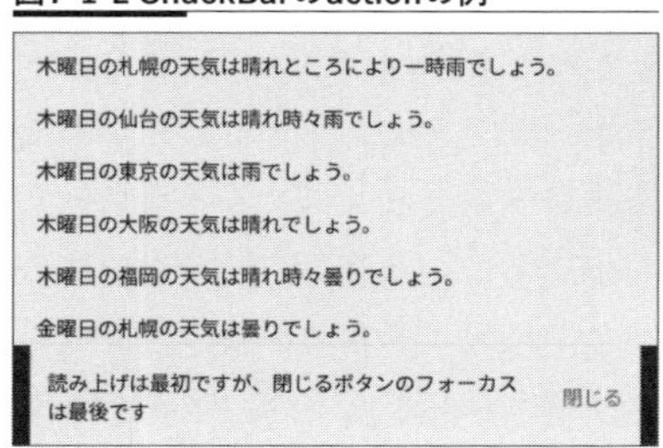

図7-1-3 AlertDialogのボタンなしの例

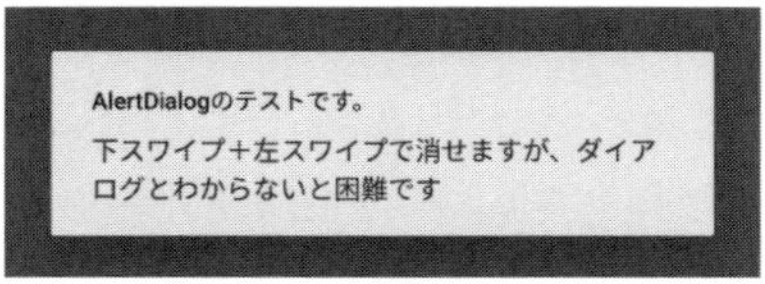

AlertDialogのテストです。

下スワイプ＋左スワイプで消せますが、ダイアログとわからないと困難です

最後にDialogについてです。たとえばAlertDialogに`title`と`message`を設定し、`cancelable=true`にします。目が見える人であれば、ダイアログの外部をタップすると消えます。

TalkBackがオンになっていると、フォーカスはダイアログの中のタイトルとメッセージを行き来します。ユーザーがダイアログだとわからない限り、戻れません(**図7-1-3**)。Dialogには閉じるボタンやキャンセルボタン、OKボタンなどを付けて、閉じるためのactionを付けるようにします。

7.2 複雑な構造にしたり、標準コンポーネントを使わないと気を付けることが増える

要求されたレイアウトを実現するうえで、どうしても標準コンポーネントを使わずにカスタムなコンポーネントを作ったり、複雑なネスト構造にしたりすることがあります。その際に、見た目だけを確認するのではなく、TalkBackやフォーカス移動といったことも確認します。

独自実装で工数がかかる――標準のコンポーネントを使う

ある動作をさせる専用のコンポーネントが用意されているのに、独自に実装する場合があります。たとえばリストを選択させたい場合に、リストボックス選択式で作る要件があります。その場合、簡単にそれを実現でき

るAppCompatSpinnerを使います。ここで独自の実装が少し必要になるListPopupWindowを使った場合と比較してみます。

TalkBackがオンの場合にListPopupWindowを使うと、リストを表示したときにリストにフォーカスが移りません。目の見える人はフォーカスをリストに移すことができます。しかし、目の見えない人はそのリストに移れません。手当たりしだいにタップしてリストにフォーカスが移ったとしても、リストの項目を選択すると今度は前のViewの位置にフォーカスが戻りません。目の見えない人は何度もフォーカス位置がわからなくなってしまいます。

アクセシビリティまで考慮したものをすべて独自実装すると工数もかかります。この場合はAppCompatSpinnerを使うほうが楽で、かつユーザーにも理解されやすくなります(**図7-2-1**)。

ただし、AppCompatSpinnerはMaterial Componentsに対応していません。Material Compornentsを使用する場合にはカスタマイズの検討が必要でしょう。

実際と異なるアクションを読み上げないようにする

`EditText`と`TextView`を同じレイアウトで配置し、`EditText`ではそのまま編集させ、`TextView`はクリック可能にして項目を選択させるという入力フォームを作ったとします。`TextInputLayout`付きの`TextInputEditText`と`TextView`を同じ見た目にするのはなかなか骨が折れます。そこで次に思い付くのは`TextView`を`TextInputEditText`にして`android:editable="false"`とする方法でしょう。これによって`EditText`を編集できないようにし、`setOnClickListner`を付ければ見た目上は想像どおりのものができるでしょう。

図7-2-1　AppCompatSpinnerによるリストボックス選択

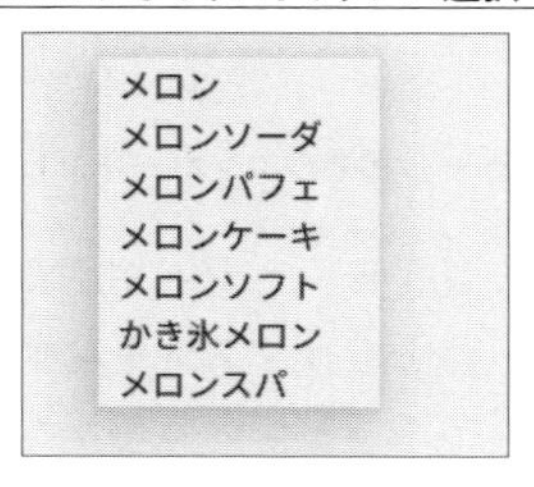

しかし、TalkBackをオンにした瞬間に様相が変わります。android:editable="false"にしたTextInputEditTextは「編集ボックス テキストを編集するにはダブルタップします」と読み上げます。ユーザーは編集できるViewだと思ってダブルタップすると、編集ではなく選択する項目が出てきます。これではユーザーを混乱させてしまいます。

Actionが違うのであればレイアウトは変えるべきですが、どうしてもという場合はカスタムViewにしてしまいます。今回の場合はTextInputEditTextを継承したclassを作成します。その際にgetAccessibilityClassNameの関数をoverrideし、TextViewのクラス名を返すようにするとTalkBackをオンにした際にTextViewとして振る舞います。

```
class DisabledTextInputEditText : TextInputEditText {
  constructor(context: Context) : super(context)

  constructor(context: Context, attrs: AttributeSet?) : super(context, attrs)

  constructor(context: Context, attrs: AttributeSet?, defStyle: Int) : super(
context, attrs, defStyle)

  override fun getDefaultEditable(): Boolean {
    return false
  }

  override fun getAccessibilityClassName(): CharSequence {
    return TextView::class.java.name
  }
}
```

横スクロールは見えていないとわからない――縦横スクロール混在の罠

通常、リストといえば縦スクロールです。目の見えない人も「リスト領域内です」と読み上げられたら縦スクロールするのだろうと判断します。

一方、横スクロールのリストを作った場合は、「横スクロールです」とは読み上げてくれません。実際には、縦スクロールであろうと横スクロールであろうと、右スワイプのジェスチャだけで次の項目にフォーカスが移っていきます。ここまでは問題ありません。

縦スクロールと横スクロールが混ざったレイアウトだとどうなるでしょうか？ Google Playはまさにそのレイアウトなのですが、ただ縦スクロールの中に横スクロールが混ざった単純な構成の場合、右スワイプでフォーカスを移動していくと、実際にはネストしていない一方向のリストとして扱われ、横スクロールも順に読み上げられます。

しかし、ここで取り上げる例は、画面の上半分は横スクロールで選択し、画面の下半分に上半分で選択した詳細を表示するような構成です(**図7-2-2**)。ListViewやRecyclerViewで普通に横スクロールを作った場合、右スワイプで動かしていくと、先ほどのGoogle Playの構造と同じことになるため、上半分のリスト項目を全部読み終えてから、下半分の部分の読み上げが開始されます。そうすると、実際に選択したい項目の詳細が読まれずに、最後の項目の詳細だけが読まれてしまいます。

ここで上部の横スクロールで、選択したものに合わせて下部のコンテンツが変わるということを伝えられれば、選択したコンテンツを読む方法はあります。指4本で右スワイプをすると次のコンテナにフォーカスが移ります。ListViewやRecyclerViewの次のコンテナ(ViewGroup)がその下部のコンテンツであるならば、このジェスチャで読むことが可能です。このコンテナにフォーカスが移った際に、上部で選択した項目のコンテンツであることがわかるとなおよいです。

ただし、この4本指のジェスチャがみんなが知っている常識的なジェスチャなのか少々不安があります。そこでViewPagerを利用する方法を紹介します。ViewPagerで作成すると、ViewPagerの部分にフォーカスがあたった際に、「pagerの中です」と「リストの中です」のようにここにpagerがある

図7-2-2　画面上部の横スクロールで選択し、下部に詳細を表示

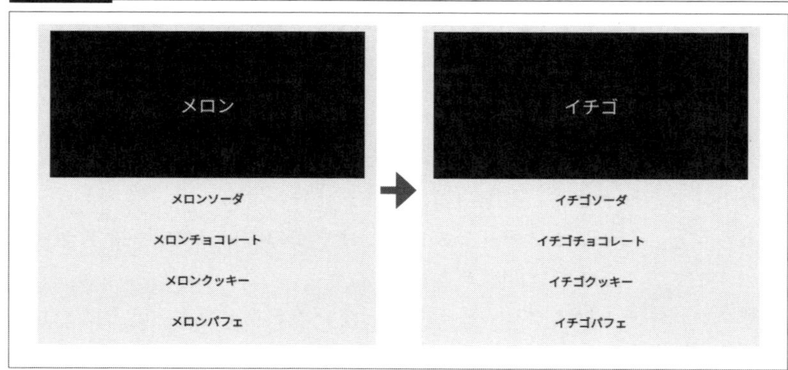

と教えてくれます。以前のTalkBackでは「ページの操作が利用できます」と読み上げられました。上スワイプ＋右スワイプを行うとTalkBackメニューのダイアログが表示されます（**図7-2-3**）。メニューにある「ページの操作」を選ぶとページ操作のダイアログ（**図7-2-4**）が表示されます。ここで「次のページ」を選択するとViewPager内で次のコンテンツに進みます。

もしTalkBackメニューに「ページの操作」が表示されない場合は、「設定」→「ユーザー補助」→「TalkBack」→「設定」→「メニューをカスタマイズ」→「TalkBackメニューをカスタマイズ」内で「ページの操作」がチェックされているか確認してください（**図7-2-5**）。

また、画面下の詳細部分へはViewPagerの部分で通常の右スワイプで移動できるので、選んだものの詳細が読めるようになります。

ちなみにViewPagerのエリアを指2本で右スワイプすると、ViewPager内で次の項目に移動します。しかし、ViewPagerのエリアしか反応しないので見えていないと使えません。

図7-2-3　**TalkBackメニューのダイアログ**

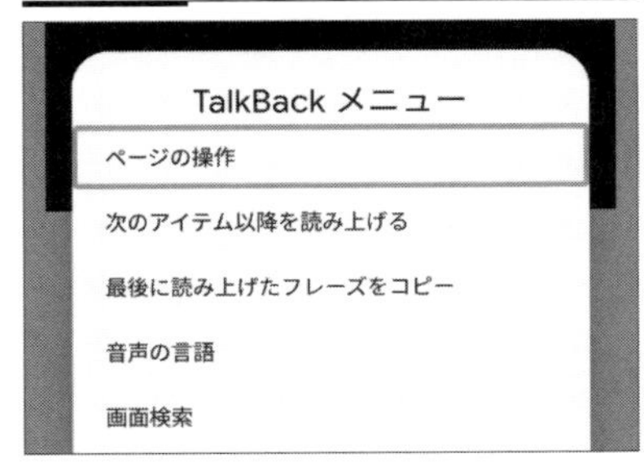

図7-2-4　**ページ操作のダイアログ**

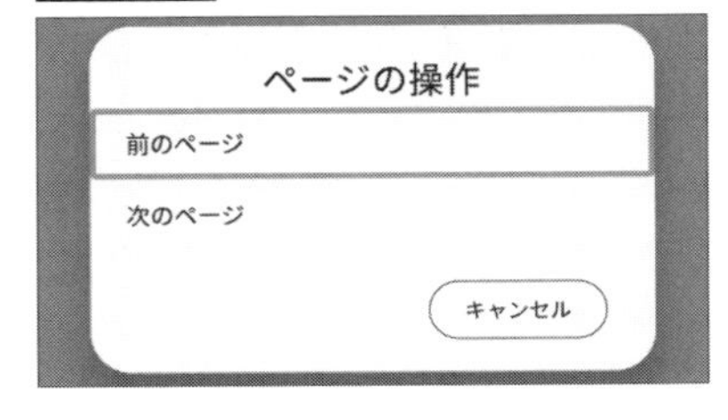

図7-2-5　**TalkBackメニューをカスタマイズ**

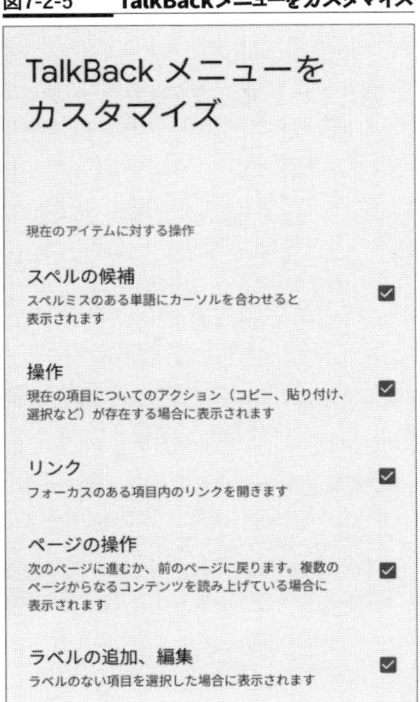

このようなレイアウトを作ったり、または修正したりした場合には、必ず操作ができるかを確認しましょう。ただし、一番お勧めしたいのは、見た目にこだわってこうした複雑な縦と横のスクロールが混在したレイアウトを作らないことです。

7.3 テキスト以外の視認できる情報を音声で伝える

画像のようにテキストになっていない、見えていると一目瞭然の情報は、見えていないと情報が伝わりません。画像はcontentDescription属性を入れて伝えると解説しましたが、画像以外にもそのようなケースはあります。実際にはすべてテキストで伝わるデザインを心がけるべきなのですが、あとからアクセシビリティを改善する場合にデザインをいじれないということがあります。本節では補足を音声で読み上げるといった使い方を解説します。

見えている文と違う文を読み上げたい ――ImageView以外にも使えるcontentDescription

6.4節「アクセシビリティ用の属性を使った改善」で紹介したとおり、contentDescription属性は画像以外にも使えます。たとえば、TextViewに使うとtext属性に書かれているものは読み上げずに、contentDescription属性に書かれているものが読み上げられます。

画面上にはcontentDescription属性に書かれた内容は表示されません。補足したテキストを読み上げたい場合は、contentDescription属性に書き換えたものを設定して読み上げます。

```
<androidx.appcompat.widget.AppCompatTextView
  android:layout_width="wrap_content"
  android:layout_height="wrap_content"
  android:contentDescription="次のボタンを押します"
  android:text="右下のボタンを押します" />
```

意味のあるcontentDescriptionを設定する
――Actionだけだと何に対してのActionなのかがわからない

リストの項目にButtonなどActionさせるViewを配置したとします。たとえば項目自体のタップは詳細を見るためのActionとして使い、「閉じる」や「消す」といったActionにButtonを配置しているケースです。このとき、リストの全項目にButtonがあるとします。フォーカス遷移していって毎回「閉じる」と読み上げると、そのうちユーザーは項目の先頭にボタンがあるのか最後にボタンがあるのかわからなくなり、その結果、どの項目に対しての「閉じる」なのかわからなくなります。

このような不便さを起こさないための工夫が必要です。1つの方法としてはlabelFor属性を追加します。この場合は「xxの閉じる」と読み上げます。もう1つの方法は、contentDescription属性に「閉じる」ではなく、「xxを閉じる」といったAction対象を追加することでわかりやすくします。

しかし、これはVoiceAccessでアクションさせるときに、同じ文言のボタンがあった際に正しく動作する保証がありません。また、textとcontentDescriptionでアクションが異なると、TalkBackがオンとオフのときのVoiceAccessのアクションがどちらなのか混乱してしまいます。そのため理想は、見えている文字も「xxを閉じる」とすることです。

補助機能がオンかオフかは取得しない
――TalkBackがオン／オフの状態で動きを変えられる

TalkBackのオン／オフの状態を取得するにはAccessibilityManagerのisTouchExplorationEnabled()を使います。似たものにisEnabled()があるのですが、同じユーザー補助にある選択して読み上げの機能かTalkBackのいずれかがオンになっている場合は、isEnabled()=trueとなります（**表7-3-1**）。

表7-3-1　TalkBack判定のマトリックス

判定結果	TalkBack	選択して読み上げ
isTouchExplorationEnabled()==true	オン	オフ
isEnabled()==true	どちらかがオン	

選択して読み上げの機能のみオンの場合にはisTouchExplorationEnabled()=falseとなるので、TalkBackの状態のみを考える場合には、

isTouchExplorationEnabled()で判別しましょう。

また、AccessibilityManagerのsendAccessibilityEvent(accessibilityEvent)を使うと、アクセシビリティのイベントを送れます。

```
AccessibilityEvent.obtain().also { e ->
    e.eventType = AccessibilityEvent.TYPE_ANNOUNCEMENT
    e.text.add("TalkBackはオンです")
}.run {
    manager.sendAccessibilityEvent(this)
}
```

ここで、AccessibilityEvent.TYPE_ANNOUNCEMENTは読み上げを意味しています。TalkBackがオンの場合に、フォーカスが当たらなくても任意の場所で「TalkBackはオンです」と読み上げさせることができます。

しかし、補助機能を使用しているかどうかを取得するのはプライバシーに関することになるので注意が必要です。また、見えている状態でTalkBackを使用している場合もあります。そのため、補助機能を使用しているかを取得する必要がないコンテンツ作りを心がけましょう。

7.4 Androidアプリのアクセシビリティをテストする

Androidアプリのアクセシビリティをテストする方法には手動で行うものと自動で行うものがあります。手動のテストは実際に触って動かす方法もありますが、ツールを使って確認する方法もあります。しかし、手動で行うテストは時間がかかります。そのため、自動化できるものは自動化しておけば時間の削減だけではなく、実装漏れも減ります。本節では手動でテストする方法について解説し、次節では自動でテストする方法について解説します。

実際に動かしてみる——目視・手作業で確認することの重要さ

普段Androidアプリを開発してリリースするとなったときにテストをする

と思います。当然自動で走らせているテストもありますが、実機で実際に動かしてテストをしている部分もあるでしょう。アクセシビリティのテストも同じです。全部が全部、自動でテストできるということはありません。

何か機能や画面を追加したときに実際にボタンをタップして実行されるか、遷移するかといったテストをすると思います。また、レイアウトのずれや文言の確認もするでしょう。新規開発の画面であれば自動テストも完全ではないでしょう。アクセシビリティのテストの観点もほぼ同様です。

次のようなテストをアクセシビリティのテストとして追加します。TalkBackをオンにしてその画面のViewのフォーカス遷移を左右のスワイプだけで確認し、順番が問題ないことを確認します。次に読み上げが冗長でないか、不自然でないか、誤解を与えていないかの確認をします。たとえばClickableなTextViewに見えるのに、なぜか「編集ボックスです」と読み上げる。これはeditable=falseのEditTextにaddOnClickListenerされていると起きます。編集ボックスと読まれたので、ダブルタップするとそのままソフトウェアキーボードが立ち上がって入力させるのかと思ったら、違う画面に遷移されるというユーザーの混乱を招きます。

7.1節「見た目は問題ないのに想定どおりに動かない」でも紹介しましたが、マイナスが読まれない数字は実際に動かして初めてわかります。何かしら実行を伴うViewのcontentDescriptionが、実際に使ってみて意味不明ではないかというのも実際に動かしてわかるものです。

しかし、目視・手作業ですべての確認が行えるかというとやはりそれも無理があります。そこでここからは目視・手作業を補助するツールやライブラリを紹介します。

ツールを使って確認する——ユーザー補助検証ツール

Googleからユーザー補助検証ツールというアプリケーションが提供されています。Google Playストアからインストールできます。インストール後は「設定」→「ユーザー補助」の「ダウンロードしたアプリ」にユーザー補助検証ツール(**図7-4-1**)が追加されます。こちらからは「ユーザー補助検証ツールを使用」と「ユーザー補助検証ツールのショートカット」「設定」が用意されています。

設定(**図7-4-2**)では「テキストのコントラスト比」「画像のコントラスト比」「タップターゲットのサイズ」の「しきい値」が設定できます。

使うには「ユーザー補助検証ツールを使用」をオンにします。チェックボタンがバブルとして表示され(**図7-4-3**)、タップすると「記録」「スナップショット」「無効にする」「閉じる」のメニューが表示されます(**図7-4-4**)。

「記録」は遷移をするなどで適時スナップショットを撮ります。「スナップショット」は表示されているView構造のスナップショットを撮ります。撮ったスナップショットはユーザー補助検証ツールに保存され、以下の項目が解析されます。

図7-4-1　ユーザ補助検証ツール

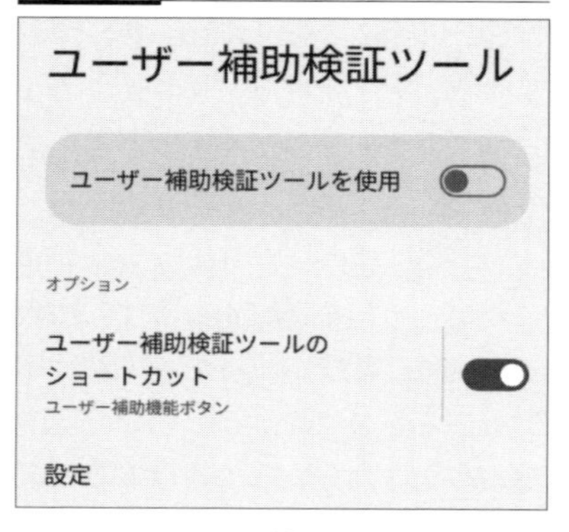

図7-4-2　設定

図7-4-3　ユーザー補助検証ツールを使用をオン

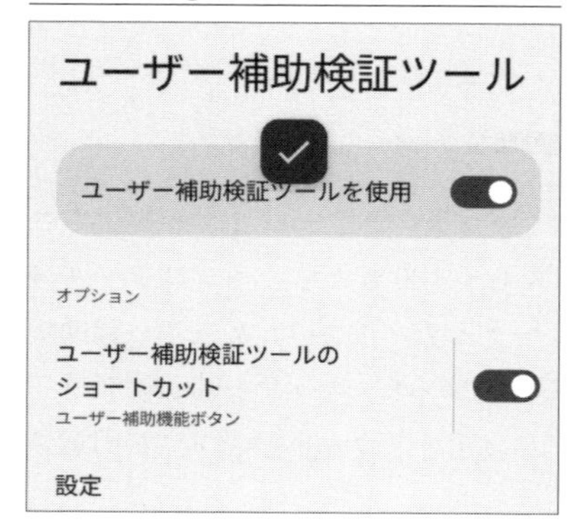

図7-4-4　ユーザー補助検証ツールのメニュー

- **コンテンツラベル**
- **タップターゲットサイズ**
- **クリック可能アイテム**
- **テキストのコントラスト比**
- **画像のコントラスト比**

ユーザー補助検証ツールは何も記録されていないと**図7-4-5**のような画面が表示され、記録されていると記録したスナップショットの一覧画面が表示されます。

実際にアクセシビリティに関して提案する内容がある場合には**図7-4-6**の

図7-4-5 ユーザー補助検証ツールの初期画面

図7-4-6 スナップショット一覧

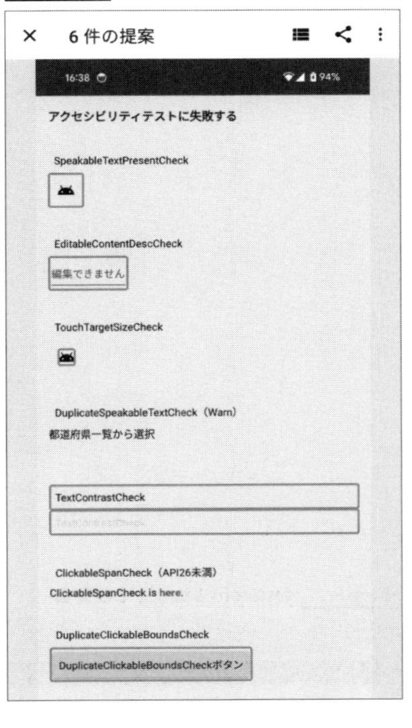

ような画面が表示され、提案部分はオレンジ色の枠に囲まれます(**図7-4-7**)。

タップ領域を満たしているかは、48dpを満たしているかの目視は厳しいので助かりますし、コントラスト比が正しいかの確認もすべて満たしているかを手作業で確認するのは厳しいです。また、contentDescriptionが抜けていないかの確認もケアレスミスを防げるので助かります。しかし、目視・手作業のテストを行わなくてよいほどの確認はできないので、あくまで補助的なツールにはなります。

Android Studioでレイアウト編集時に警告される

最新のAndroid Studioでレイアウトを編集すると、**図7-4-8**のように警告

図7-4-7 修正提案

図7-4-8 Android Studioでの警告

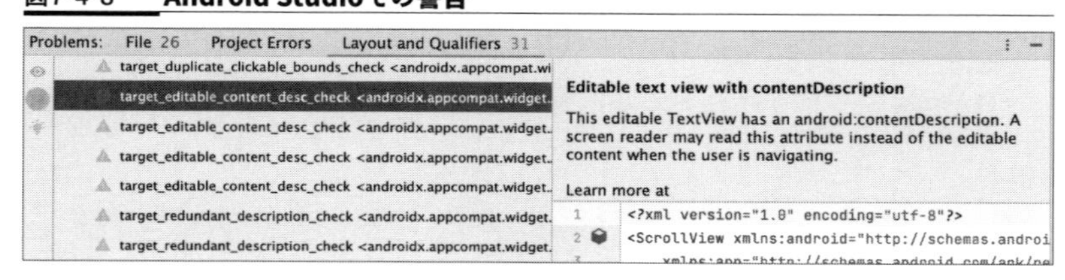

が表示されるようになっています。

これもユーザー補助検証ツールと同様の警告が表示されます。これはレイアウトを作成している人間が確認できるもので、テスターの方が確認するツールにはなりません。また、レイアウトを編集しているときは静的な画面であり、動的に変更される文言や画像を入れての確認ではありません。そのためユーザー補助検証ツールと同様、あくまで補助的なツールにとどまります。

Google Play Consoleにアップすると自動でチェックして警告してくれる

アプリケーションを公開する際にGoogle Play Consoleにアップしますが、その際にユーザー補助検証ツールとほぼ同等のチェックが自動で行われます。その結果、警告が行われますが、公開できないわけではありません。たしかにありがたい機能ではありますが、ほぼリリース段階に入ってからの警告は次回対応しようとペンディングしてしまい、結局いつまでもやらないという負のスパイラルを生みかねません。

また、前述のとおりこちらも目視・手作業のテストを行わなくてよいほどの確認はできないので、あくまで補助的なツールにとどまります。

7.5 自動でアクセシビリティをテストする

Androidには自動テストをするしくみがあり、それを使ってアクセシビリティのテストをできます。本節ではまずAndroidの自動テストについて触れてから、アクセシビリティの自動テストについて説明していきます。

Androidの自動テスト

Androidにはユニットテストとインストゥルメントテストの2種類があります。Androidアプリをデフォルトで新規作成すると、src直下のディレクトリ構造は次のようになります。

```
androidTest
main
test
```

mainディレクトリは実際のアプリケーションのソースコードを格納しています。testディレクトリがユニットテスト、androidTestがインストゥルメントテストを格納します。ユニットテストはAndroidフレームワークに依存しないテストを書き、ロジックのテストを書く際に使われます。

一方、インストゥルメントテストはAndroidフレームワークのテストを書くことができます。ただし、テストを実行する際にAndroidの実機またはエミュレータにアクセスしてテストをするため、テストが遅くなります。

アクセシビリティのテストはAndroidフレームワークのテストになるので、androidTestのインストゥルメントテストに書きます。

アクセシビリティテストのフレームワーク

GoogleはAndroidのアクセシビリティ自動テストのフレームワークをAccessibility-Test-Framework-for-Android[注1]で提供しています。現在はespresso-accessibilityとespressoライブラリの一部として提供しています。ただし、最新のesspressoだからといって最新のAccessibility-Test-Framework-for-Androidではありません。

アクセシビリティテスト内容を満たしていない場合には、AccessibilityViewCheckExceptionErrorになる場合と、AccessibilityValidatorのWarnやInfoとしてログに表示される場合があります。その際に表示されるクラス名で何がいけなかったのかがわかります。

Accessibility-Test-Framework-for-Androidで提供しているアクセシビリティテストのチェッククラスは、バージョンが上がるごとに増えています。

- **Version 1.0**
  - SpeakableTextPresentCheck
  - EditableContentDescCheck

注1 https://github.com/google/Accessibility-Test-Framework-for-Android

    - TouchTargetSizeCheck
    - DuplicateSpeakableTextCheck
    - TextContrastCheck
- **Version 2.0**
    - ClickableSpanCheck
    - DuplicateClickableBoundsCheck
    - RedundantDescriptionCheck
- **Version 3.0**
    - ImageContrastCheck
    - ClassNameCheck
    - TraversalOrderCheck
- **Version 3.1**
    - LinkPurposeUnclearCheck
- **Version 4.0**
    - TextSizeCheck
- **開発中**
    - UnexposedTextCheck

`esspresso-accessibility`の3.5.1では`Accessibility-Test-Framework-for-Android`の3.1まで入っていますが、`ClassNameCheck`は有効になっていないようです。またそれ以外にもVersion 3.0で提供されている`ImageContrastCheck`、`TraversalOrderCheck`、`LinkPurposeUnclearCheck`も動作を確認できませんでした。

チェッククラスについて順に説明します。

SpeakableTextPresentCheck

読み上げ可能なテキストを必要とするViewで読み上げが可能かの確認をし、読み上げテキストがない場合には`AccessibilityViewCheckExceptionE`rrorとなります。テキストが意味をなすかどうかはチェックしません。

たとえばアイコンのみのボタンを`ImageButton`で実装し、`contentDescription`属性がない場合にErrorとなります。

EditableContentDescCheck

EditTextのような編集可能なTextViewに`contentDescription`が付いていないかを確認します。`contentDesciption`が付いている場合には、`Accessi` bilityViewCheckExceptionErrorとなります。

TouchTargetSizeCheck

タップ領域が最小サイズの48dp × 48dp以上かを確認します。ButtonやImageButtonだけでなく、ClickableなTextViewなども確認の対象になります。

DuplicateSpeakableTextCheck

同じコンテナView内に読み上げ時のテキストが同じViewが2つ存在した場合、ユーザーが混乱する可能性があります。特にその片方がタップ可能の場合には、AccessibilityValidatorのWarnとしてログに表示されます。両方ともタップできない場合には、AccessibilityValidatorのInfoとしてログに表示されます。

たとえば、フォーム画面で一覧を選択させるClickableなTextViewと、labelFor属性を付けたラベルのTextViewの組み合わせでも表示されます。

```
<LinearLayout
  android:layout_width="wrap_content"
  android:layout_height="wrap_content"
  android:orientation="horizontal">

  <TextView
    android:layout_width="wrap_content"
    android:layout_height="wrap_content"
    android:labelFor="@+id/target"
    android:text="都道府県" />

  <TextView
    android:labelFor="@+id/target"
    android:layout_width="wrap_content"
    android:layout_height="wrap_content"
    android:clickable="true"
    android:minWidth="@dimen/min_tap_size"
    android:minHeight="@dimen/min_tap_size"
    android:text="一覧から選択" />
</LinearLayout>
```

TextContrastCheck

TextViewなどの文字が背景に対してコントラスト比を満たしているかを確認します。

ClickableSpanCheck

Android 8(APIレベル26)未満の端末で、ClickableSpanが使用されていないことを確認します。1つのTextView内で複数のSpanを個別に選択できなかったことと、Android 8未満ではユーザー補助サービスがClickableSpan#onClickを呼び出すことができなかったためです。

Android 8以上の端末でもTextViewが1行でheightが48dpに満たしていない場合には、TouchTargetSizeCheckのAccessibilityViewCheckExceptionとしてErrorになります。

DuplicateClickableBoundsCheck

ボタンの周りにコンテナViewがある場合などで、そのコンテナViewがクリック可能の場合にAccessibilityViewCheckExceptionとしてErrorになります。コンテナViewとボタンで違うアクションをさせたいケースなどもあるので一律にErrorとはならず、コンテナViewとボタンなどの子Viewの境界が共有されている場合にのみErrorとなります。たとえば、子Viewの周りの四辺のいずれかにmarginが設定されているだけでもErrorとなりません。

```
<FrameLayout
  android:layout_width="wrap_content"
  android:layout_height="wrap_content"
  android:clickable="true"
  android:focusable="true">

  <androidx.appcompat.widget.AppCompatButton
    android:layout_width="wrap_content"
    android:layout_height="wrap_content"
    android:text="詳細を見る" />
</FrameLayout>
```

RedundantDescriptionCheck

読み上げ時に冗長または不適切な情報を含むかを確認し、含まれる場合にはAccessibilityValidatorのWarnとしてログに表示されます。contentDescriptionにViewタイプの「ボタン」「チェックボックス」、間に空白の入った「チェック ボックス」、状態の「オン」「オフ」「選択済み」「未選択」、アクションの「クリック」「スワイプ」「タップ」の単語が入った場合にチェックの対象となります。たとえばButtonのcontentDescriptionに「ボタン」が含まれている場合には確認の対象となります。

これはTalkBackは「キャンセル」というButtonを「キャンセル、ボタン」と読み上げます。この際contentDescriptionで「キャンセルボタン」と書き換えたとすると、読み上げ時に「キャンセルボタン、ボタン」となり、冗長になるためです。

ImageContrastCheck

画像が背景に対してコントラスト比を満たしているかを確認し、満たしていない場合にはAccessibilityValidatorのWarnとしてログに表示されます。

ClassNameCheck

ViewHierarchyElement#getAccessibilityClassName()がサポートされていることを確認し、空を返す場合にはAccessibilityValidatorのWarnとしてログに表示されます。Android 6.0(APIレベル23)未満の端末ではViewHierarchyElement#getAccessibilityClassName()がnullを返すため、nullの場合はチェックは行われません。

アクセシビリティサービスは、getAccessibilityClassName()で取得するViewタイプでコントロールを決めます。たとえばTalkBackで、ButtonViewはgetAccessibilityClassName()でButtonと返すので、TalkBackが「ボタン」と読み上げます。カスタムViewを使用した際にgetAccessibilityClassName()が空を返すと、Viewを正しく処理できない可能性があります。

TraversalOrderCheck

accessibilityTraversalAfter属性やaccessibilityTraversalBefore属性を指定した際に、同じViewに重複してフォーカスが移るなどの問題を検出するための確認です。問題があった際にはAccessibilityValidatorのWarnとしてログに表示されます。

LinkPurposeUnclearCheck

目的が不明瞭なリンク(ClickableSpan)があった際にAccessibilityValidator

のWarnとしてログに表示されます。リンクのテキストにclick、tap、go、here、learn、more、this、page、link、aboutのいずれかの単語が含まれているかの判定となっているので、日本語非対応です。

「お問い合わせはこちら」のようなリンクをWarnにできるのは良いチェックなので、日本語対応が待たれます。

TextSizeCheck

表示サイズとテキストでテキストサイズを最大や最小にした際に、表示に問題があるかを確認し、AccessibilityValidatorのWarnまたはInfoとしてログに表示されます。

テキストをspを使わずに小さいフォントサイズで固定すると文字が読めない人が出てきます。また、Viewのサイズが固定されていて、テキストサイズがspで指定されている場合にフォントサイズを大きくすると、テキストの一部が見えなくなったりはみ出したりします。

TextSizeCheckは以下の確認をし、AccessibilityValidatorのWarnまたはInfoとしてログに表示されます。

- **テキストサイズの単位がspかどうか**
- **テキストサイズの単位がspの場合、TextViewの幅または高さは固定かどうか**
- **テキストサイズの単位がspの場合、TextViewが固定幅または高さのコンテナView内にあるか**

TextViewのテキストがプログラム上で書き換えられる場合などがあるため、TextSizeCheckは完全なチェックはできません。

UnexposedTextCheck

まだ開発中の機能ですが、ImageViewなどにアクセシビリティサービスが認識できないOCR認識テキストがないかどうかを確認し、AccessibilityValidatorのWarnまたはInfoとしてログに表示されます。OCR結果は、Parametersオブジェクトを通じて提供されます。

ユーザー補助検証ツールとAccessibility-Test-Framework-for-Android

ユーザー補助検証ツールの中身は、実は`Accessibility-Test-Framework-for-Android`です。ユーザー補助検証ツールを自動で画面単位で走らせるという場合に、`Accessibility-Test-Framework-for-Android`を使うとよいでしょう。ちなみに、ユーザー補助検証ツールで提案として表示されるのは、以下のErrorとなる6つです。

- SpeakableTextPresentCheck
- EditableContentDescCheck
- TouchTargetSizeCheck
- TextContrastCheck
- DuplicateClickableBoundsCheck
- ImageContrastCheck

ClickableSpanCheckはAndroid 8(APIレベル26)未満の端末で実施すると表示されるのかもしれませんが確認していません。ほかのものはWarningなので修正を提案しないのではないかと思います。

アクセシビリティの自動テストの実装

アクセシビリティの自動テストの設定

アクセシビリティ自動テストの`espresso-accessibility`を使うには、まずアプリケーションの`build.gradle.kts`でライブラリをImplementationします。`fragment-testing`はfragmentのテストを書く際に利用します。fragment-testingのImplementationにdebugImplementationを使用せずにandroidTestImplementationを使用すると、`java.lang.RuntimeException`が発生します。必ずdebugImplementationを利用してください。

```
debugImplementation("androidx.fragment:fragment-testing:1.6.2")
androidTestImplementation("androidx.test.ext:junit:1.1.5")
androidTestImplementation("androidx.test:runner:1.5.2")
androidTestImplementation("androidx.test.espresso:espresso-core:3.5.1")
androidTestImplementation("androidx.test.espresso:espresso-accessibility:3.5.1")
```

Activityのアクセシビリティ自動テストの実装

Activity内のViewのアクセシビリティテストは、@Beforeで`AccessibilityChecks.enable()`とすることでアクセシビリティテストも込みでテストをするようになります。TestActivityを例にすると、以下のように書きます。

```
@RunWith(AndroidJUnit4::class)
@LargeTest
class TestActivityTest {
    @get: Rule
    var activityRule = ActivityScenarioRule(TestActivity::class.java)

    @Before
    fun enableAccessibilityChecks() {
        AccessibilityChecks.enable()
    }

    @Test
    fun checkA11y() {
        onView(withId(R.id.tap_area_1)).perform(click())
    }
}
```

`tap_area_1`というボタンをクリックするというテストになります。実行すると以下のようなErrorが表示されます。`SpeakableTextPresentCheck`と書かれているので、ボタンの内容を読み上げないErrorであるとわかります。

```
com.google.android.apps.common.testing.accessibility.framework.integrations.e
spresso.AccessibilityViewCheckException: There was 1 accessibility result:
AppCompatImageButton{id=2131231325, res-name=tap_area_1, visibility=VISIBLE,
width=126, height=126, has-focus=false, has-focusable=true, has-window-focus=
true, is-clickable=false, is-enabled=true, is-focused=false, is-focusable=tru
e, is-layout-requested=false, is-selected=false, layout-params=androidx.appco
mpat.widget.LinearLayoutCompat$LayoutParams@YYYYYY, tag=null, root-is-layout-
requested=false, has-input-connection=false, x=42.0, y=884.0}: This item may
not have a label readable by screen readers. Reported by com.google.android.a
pps.common.testing.accessibility.framework.checks.SpeakableTextPresentCheck
```

しかし、このままだと表示されているものすべてのアクセシビリティテストをするには、すべてのViewのテストを書かないといけません。そこで`setRunChecksFromRootView(true)`を使います。`AccessibilityChecks.enable()`で返ってくるAccessibilityValidatorの関数となっているので、以下のように書き換えます。

```
@Before
fun enableAccessibilityChecks() {
    AccessibilityChecks.enable().apply {
        setRunChecksFromRootView(true)
    }
}
```

これで、Activity内のViewのテストを1つでも書くことで、Activity内のアクセシビリティテストを行ってくれます。また、即座に修正できないのでいったんテスト結果を成功にしたい場合には、`setSuppressingResultMatcher`を使います。これもAccessibilityValidatorの関数となっているので、以下のように書き加えることで`tap_area_1`の`SpeakableTextPresentCheck`のErrorを無視します。

```
@RunWith(AndroidJUnit4::class)
@LargeTest
class TestActivityTest {
    @get: Rule
    var activityRule = ActivityScenarioRule(TestActivity::class.java)

    @Before
    fun enableAccessibilityChecks() {
        AccessibilityChecks.enable().apply {
            setRunChecksFromRootView(true)
            setSuppressingResultMatcher(
                allOf(
                    matchesCheckNames(`is`("SpeakableTextPresentCheck")),
                    matchesViews(withId(R.id.tap_area_1)),
                )
            )
        }
    }

    @Test
    fun checkA11y() {
        onView(withId(R.id.tap_area_1)).perform(click())
    }
}
```

Fragmentのアクセシビリティ自動テストの実装

Fragment内のViewのアクセシビリティテストを行うには、前述したとおりfragment-testingがImplementationされている必要があります。Implementationされていると`launchFragmentInContainer()`を追加するだけでアクセシビリティテストを行えます。

```
@Test
fun checkA11y() {
    launchFragmentInContainer<TestFragment>()
    onView(withId(R.id.tap_area_1)).perform(click())
}
```

ユニットテストにアクセシビリティの自動テストを書く

ユニットテストはAndroidフレームワークに依存しないテストを書くと前述しましたが、Robolectricライブラリを使うことでユニットテストにAndroidフレームワークのテストを書くことができます。

インストゥルメントテストと同様に、アプリケーションのbuild.gradle.ktsでライブラリをImplementationします。

```
dependencies {
    debugImplementation("androidx.fragment:fragment-testing:1.6.2")
    testImplementation("junit:junit:$4.13.2")
    testImplementation("androidx.test.ext:junit:1.1.5")
    testImplementation("androidx.test:runner:1.5.2")
    testImplementation("org.robolectric:robolectric:4.11.1")
    testImplementation("androidx.test.espresso:espresso-core:3.5.1")
    testImplementation("androidx.test.espresso:espresso-accessibility:3.5.1")
}
```

テストコードもインストゥルメントテストとほぼ似たように実装できます。

```
@RunWith(AndroidJUnit4::class)
@LargeTest
class TestActivityTest {
    @get: Rule
    @JvmField
    var activityRule = ActivityScenarioRule(TestActivity::class.java)

    @Before
    fun enableAccessibilityChecks() {
        AccessibilityChecks.enable().apply {
            setRunChecksFromRootView(true)
        }
    }

    @Test
    fun checkA11y() {
        val scenario = ActivityScenario.launch(TestActivity::class.java)
```

```
        scenario.onActivity { activity ->
            onView(withId(R.id.tap_area_1)).perform(click())
        }
    }
```

アクセシビリティの自動テストがRobolectricを使って行えるのか試したところ、すべてのチェックができるわけではなさそうです。インストゥルメントテストと同じものをテストしたのですが、以下の3つのみテストされているようでした。

- SpeakableTextPresentCheck
- EditableContentDescCheck
- TouchTargetSizeCheck

エミュレータか実機が必要になりますが、なるべくインストゥルメントテストで行うことをお勧めします。

付録

付録a

WCAG 2.2の達成基準と本書の内容

本付録では、WCAG 2.2の各達成基準と本書内容の対応関係を示します。1.4節「モバイルアプリのアクセシビリティガイドライン」で示したとおり、本書は、WCAGを土台としたモバイルアプリ向けのアクセシビリティガイドラインとして活用できます。

WCAG 2.2には合計86項目の達成基準がありますが、本書は入門書という位置付けであるため、以下の観点をもとに22項目に絞っています。

- **問題としてよく見かけるもの**
- **技術的に基礎となり、複数のアクセシビリティ機能に影響するもの**
- **特定の達成基準と密接なアクセシビリティ機能をOSが提供しているもの**

1.4節「モバイルアプリのアクセシビリティガイドライン」のとおり、WCAGの記載はそのままだと難解で理解しにくいため、下記の「必要な対応」の記載は、「freeeアクセシビリティー・ガイドライン」[注1]の解説を使用しています(ただし、一部WCAGを引用している場合があります。各達成基準の正確な内容は必ずWCAG 2.2[注2]を確認するようにしてください)。

達成基準1.1.1「非テキストコンテンツ」(レベルA)

必要な対応

- **アイコン**
  - テキスト情報の付与：アイコンにはテキストのラベルをあわせて表示し、それが難しい場合はアイコンの目的(表している状態、操作の結果)がわかるような代替テキストを付与する
- **画像化されたテキスト**
  - テキスト情報の提供：画像化されたテキストに含まれる文字情報をテキストでも提供する

注1　https://a11y-guidelines.freee.co.jp/info/wcag21-mapping.html

注2　https://waic.jp/translations/WCAG22/

- **画像**
  - 画像の説明の提供：画像に関する過不足のない説明をテキストで提供する
  - 装飾目的の画像の無視：純粋な装飾目的の画像は、スクリーンリーダーなどの支援技術が無視するようにする
- **フォーム**
  - 表示されているテキストをラベルとして用いる：フォームコントロールには、表示されているテキストをラベルとして明示的に関連付ける
  - 表示されているテキストをラベルにできない場合：フォームコントロールに対して、表示されているテキストを用いたラベル付けができない場合は、非表示のテキストを用いてラベルを付ける

本書の内容

- **2.2　OSが提供するアクセシビリティ機能を生かす**
  - 非テキストコンテンツのラベルが不足している
- **4.1　VoiceOverの基本API**
  - accessibilityLabel——ラベル
  - isAccessibilityElement——要素の非表示
- **5.4　iOSアプリのアクセシビリティをテストする**
  - 警告3「Element has no description」
  - Accessibility Inspector Auditは完璧ではない
- **6.4　アクセシビリティ用の属性を使った改善**
  - contentDescription——コンテンツの説明をする
  - importantForAccessibility——「読み上げない」を指定する
- **7.4　Androidアプリのアクセシビリティをテストする**
  - ツールを使って確認する——ユーザー補助検証ツール
- **7.5　自動でアクセシビリティをテストする**
  - SpeakableTextPresentCheck

達成基準1.2.2「キャプション（収録済）」（レベルA）

必要な対応

- **音声・映像コンテンツ**
  - キャプションの提供：テキストの代替情報ではない音声・映像コンテンツにおいて、音声情報には、同期したキャプションを提供する

本書の内容

- **4.5　聴覚サポートの活用**
  - 「字幕」の活用

達成基準1.3.1「情報及び関係性」(レベルA)

必要な対応

- **マークアップと実装**
  - 文書構造を適切に示すマークアップ、実装を行う：静的なテキストコンテンツは、文書構造などのセマンティクスを適切に表現するHTMLの要素やコンポーネントで実装する
  - 対話的なUIコンポーネントの実装：リンクやボタン、フォームコントロールなど、ユーザーの操作を受け付けるUIコンポーネントは、なるべくHTMLの適切な要素、または使用している開発フレームワークの標準的なコンポーネントを用いて実装する
- **フォーム**
  - 表示されているテキストをラベルとして用いる：フォームコントロールには、表示されているテキストをラベルとして明示的に関連付ける
  - 表示されているテキストをラベルにできない場合：フォームコントロールに対して、表示されているテキストを用いたラベル付けができない場合は、非表示のテキストを用いてラベルを付ける
- **動的コンテンツ**
  - 支援技術への適切な情報提供の維持：ユーザーの操作によってコンテンツが増減するようなページでは、ページがどの状態にあってもスクリーンリーダーが適切に情報を取得できる状態を維持する

本書の内容

- **4.1　VoiceOverの基本API**
  - accessibilityLabel——ラベル
  - accessibilityTraits——特徴
  - accessibilityHint——ヒント
  - accessibilityValue——値
- **4.2　VoiceOver操作を制御するAPI**
  - accessibilityAttributedLabel——より豊かな読み上げの表現
- **5.1　セルの読み上げを最適化する**
- **5.2　見出しを工夫して横スクロールを使いやすくする**
- **5.4　iOSアプリのアクセシビリティをテストする**
  - 警告3「Element has no description」
- **6.4　アクセシビリティ用の属性を使った改善**
  - contentDescription——コンテンツの説明をする
  - labelFor——ラベル付けする
  - accessibilityHeading——見出しを設定する
  - accessibilityPaneTitle——領域のタイトルを付ける
- **7.1　見た目は問題ないのに想定どおりに動かない**
  - 一部の文字を読み上げない

- **7.2　複雑な構造にしたり、標準コンポーネントを使わないと気を付けることが増える**
  - 実際と異なるアクションを読み上げないようにする
  - 横スクロールは見えていないとわからない――縦横スクロール混在の罠
- **7.3　テキスト以外の視認できる情報を音声で伝える**
  - 見えている文と違う文を読み上げたい――ImageView以外にも使えるcontentDescription
  - 意味のあるcontentDescriptionを設定する――Actionだけだと何に対してのActionなのかがわからない
- **7.4　Androidアプリのアクセシビリティをテストする**
  - ツールを使って確認する――ユーザー補助検証ツール
- **7.5　自動でアクセシビリティをテストする**
  - EditableContentDescCheck
  - RedundantDescriptionCheck
  - ClassNameCheck

達成基準1.3.2「意味のあるシーケンス」(レベルA)

必要な対応

- **入力デバイス**
  - 適切なフォーカス順序：キーボード操作時のTab/Shift+Tabキー操作、スクリーンリーダー利用時のタッチUIでの左右フリック操作などでフォーカスを移動させたとき、コンテンツの意味に合った適切な順序でフォーカスを移動させる
- **動的コンテンツ**
  - 支援技術への適切な情報提供の維持：ユーザーの操作によってコンテンツが増減するようなページでは、ページがどの状態にあってもスクリーンリーダーが適切に情報を取得できる状態を維持する

本書の内容

- **2.1　モバイルアプリにおけるデザインの位置付け・役割**
  - 音声読み上げの順序が引き起こす問題
- **4.2　VoiceOver操作を制御するAPI**
  - accessibilityElements――読み上げ順序の制御
- **5.1　セルの読み上げを最適化する**
- **6.3　Androidのアクセシビリティ改善をする**
  - フォーカス順は左上から右下へ
- **6.4　アクセシビリティ用の属性を使った改善**
  - screenReaderFocusable――子Viewを一括で読み上げる

- accessibilityTraversalAfter と accessibilityTraversalBefore——アクセシビリティフォーカスの移動順序を変える

- **7.1　見た目は問題ないのに想定どおりに動かない**
  - Layout内コンテンツの読み上げ開始が遅い——まとめて読ませるかバラバラに読ませるか
  - ダイアログを開いたときに、コンテンツではなく下にあるボタンを自動で先に読み上げてしまう
- **7.2　複雑な構造にしたり、標準コンポーネントを使わないと気を付けることが増える**
  - 横スクロールは見えていないとわからない——縦横スクロール混在の罠
- **7.5　自動でアクセシビリティをテストする**
  - TraversalOrderCheck

達成基準1.4.1「色の使用」(レベルA)

必要な対応

- **テキスト**
  - 複数の視覚的要素を用いた表現：強調、引用など、何らかの意図を文字色を変えることによって表現している場合、書体などほかの視覚的な要素もあわせて用い、色が判別できなくてもその意味を理解できるようにする
- **画像**
  - 複数の視覚的要素を用いた表現：特定の色に何らかの意味を持たせている場合、形状、模様などほかの視覚的な要素もあわせて用い、色が判別できなくてもその意味を理解できるようにする
- **アイコン**
  - 複数の視覚的要素を用いた表現：アイコンに付与されているラベルが非表示のテキストの場合は、形状、サイズが同じで色だけが違う複数のアイコンを用いない
- **リンク**
  - 複数の視覚的要素を用いた表現：クリッカブルであることを、色だけで表現しない
- **フォーム**
  - 複数の視覚的要素を用いた表現：必須項目やエラー表示に際して、色に加えてほかの視覚的要素も用いる

本書の内容

- **2.3　配色のポイント**
  - 色だけで差分を示唆しない
- **2.5　チームとしてデザインするために**
  - 複数デザイナーでも無意識に遵守できるしくみと工夫——デザインシステム
- **4.3　視覚サポートの活用**
  - 「オン／オフラベル」の活用
  - 「カラー以外で区別」の活用

- 「カラーフィルタ」の活用

達成基準1.4.2「音声の制御」（レベルA、非干渉）

必要な対応

- **音声・映像コンテンツ**
  - 音声の自動再生：3秒以上の長さの音声を自動再生しない

本書の内容

- **2.2　OSが提供するアクセシビリティ機能を生かす**
  - 音声の自動再生が音声読み上げと重なる

達成基準1.4.3「コントラスト（最低限）」（レベルAA）

必要な対応

- **テキスト**
  - モバイルOSでのコントラスト比の確保：文字色と背景色に十分なコントラストを確保する
- **画像化されたテキスト**
  - モバイルOSでの画像内のテキストのコントラスト比：画像化されたテキストの色と背景の色に十分なコントラスト比を確保する
- **画像**
  - モバイルOSでの画像内のテキストのコントラスト比：画像内のテキストや、重要な情報を伝える視覚的要素の色と背景の色に、十分なコントラストを確保する

  「十分なコントラスト」とは、以下のことを指します。

  - テキストの文字サイズが24px（18pt）以上の場合：3：1以上
  - テキストの文字サイズが19px（14pt）以上で太字の場合：3：1以上
  - そのほかの場合：4.5：1以上

本書の内容

- **2.1　モバイルアプリにおけるデザインの位置付け・役割**
  - デザインを行ううえでの基準としてのアクセシビリティ活用
  - アクセシビリティの準拠ラインを定める
- **2.3　配色のポイント**
  - 文字、アイコン、記号の色
- **4.3　視覚サポートの活用**
  - 「文字を太くする」の活用

- 「透明度を下げる」の活用
- 「ダークモード」「コントラストを上げる」の活用
- 「色の反転」の活用

- **5.4　iOSアプリのアクセシビリティをテストする**
  - 警告1「Contrast failed」
- **7.4　Androidアプリのアクセシビリティをテストする**
  - ツールを使って確認する――ユーザー補助検証ツール
- **7.5　自動でアクセシビリティをテストする**
  - TextContrastCheck

達成基準1.4.4「テキストのサイズ変更」(レベルAA)

必要な対応

- **テキスト**
  - モバイルOSの文字サイズ設定の変更：モバイルOSの設定で文字サイズを最大にしても、コンテンツの理解や機能が損なわれるような表示の崩れが発生せず、適切に拡大表示されるようにする

本書の内容

- **2.2　OSが提供するアクセシビリティ機能を生かす**
  - テキストのオーバーフロー
  - テキストの切れ
  - 隣接する要素との間隔
  - モーダルやポップアップのサイズ固定
- **4.3　視覚サポートの活用**
  - 「ズーム機能」の活用
  - 「DynamicType」の活用
- **5.4　iOSアプリのアクセシビリティをテストする**
  - 警告4「Dynamic Type font sizes are unsupported」
- **6.3　Androidのアクセシビリティ改善をする**
  - 字の大きさが変わっても見切れないようにする
- **7.5　自動でアクセシビリティをテストする**
  - TextSizeCheck

達成基準1.4.11「非テキストのコントラスト」（レベルAA）

必要な対応

- **入力デバイス**
  - モバイルの支援技術のサポート：OS標準（iOS、iPadOSではVoiceOver、AndroidではTalkBack）のスクリーンリーダーの利用時、スクリーンリーダーのフォーカス箇所を示す表示が視認できる配色になっている
- **画像**
  - 隣接領域とのコントラスト比の確保：画像の隣接領域の色とのコントラスト比を3：1以上にする
- **アイコン**
  - コントラスト比の確保：背景色とのコントラスト比を3：1以上にする

本書の内容

- **4.3　視覚サポートの活用**
  - 「透明度を下げる」の活用
  - 「ダークモード」「コントラストを上げる」の活用
  - 「色の反転」の活用
- **5.4　iOSアプリのアクセシビリティをテストする**
  - 警告1「Contrast failed」
- **7.4　Androidアプリのアクセシビリティをテストする**
  - ツールを使って確認する――ユーザー補助検証ツール
- **7.5　自動でアクセシビリティをテストする**
  - ImageContrastCheck

達成基準2.2.2「一時停止、停止、非表示」（レベルA、非干渉）

必要な対応

- **動的コンテンツ**
  - 点滅、自動スクロールを伴うコンテンツ：同じページ上に、自動的に開始し5秒以上継続する、点滅や自動スクロールを伴うコンテンツと、ほかのコンテンツを一緒に配置しない。そのようなコンテンツを作る場合は、ユーザーが一時停止、停止、または非表示にすることができるようにする
  - 自動更新されるコンテンツ：あらかじめ設定された間隔で自動的に内容が更新されたり非表示になったりするコンテンツを作らない。そのようなコンテンツを作る場合は、ユーザーが一時停止、停止、非表示にできるか、更新頻度を調整できるようにする
- **音声・映像コンテンツ**
  - 動きを伴うコンテンツ：自動的に開始し5秒以上継続する、アニメーションや動画などの視覚的な動きを伴うコンテンツを作らない。そのようなコンテンツを作る場合

は、ユーザーが一時停止、停止、または非表示にできるようにする

本書の内容

- **2.2　OSが提供するアクセシビリティ機能を生かす**
  - タイムベースのコンテンツが生む混乱
- **7.1　見た目は問題ないのに想定どおりに動かない**
  - コンテンツの上に表示させるものが意図どおりに動かない

達成基準2.3.3「インタラクションによるアニメーション」(レベルAAA)

必要な対応

- **アニメーションが、機能または伝達されている情報に必要不可欠でない限り、インタラクションによって引き起こされるモーションアニメーションを無効にできる**[注3]

本書の内容

- **4.3　視覚サポートの活用**
  - 「視差効果を減らす」の活用

達成基準2.4.3「フォーカス順序」(レベルA)

必要な対応

- **入力デバイス**
  - 適切なフォーカス順序：キーボード操作時のTab/Shift+Tabキー操作、スクリーンリーダー利用時のタッチUIでの左右フリック操作などでフォーカスを移動させたとき、コンテンツの意味に合った適切な順序でフォーカスを移動させる

本書の内容

- **2.1　モバイルアプリにおけるデザインの位置付け・役割**
  - 音声読み上げの順序が引き起こす問題
- **4.2　VoiceOver操作を制御するAPI**
  - accessibilityElements――読み上げ順序の制御
- **5.1　セルの読み上げを最適化する**
- **6.3　Androidのアクセシビリティ改善をする**

注3　freeeアクセシビリティー・ガイドラインには本項目がないため、WCAG 2.2 日本語訳より記載しました。https://waic.jp/translations/WCAG22/#animation-from-interactions

- フォーカス順は左上から右下へ

- **6.4　アクセシビリティ用の属性を使った改善**
  - screenReaderFocusable——子Viewを一括で読み上げる
  - accessibilityTraversalAfterとaccessibilityTraversalBefore——アクセシビリティフォーカスの移動順序を変える
- **7.1　見た目は問題ないのに想定どおりに動かない**
  - Layout内コンテンツの読み上げ開始が遅い——まとめて読ませるかバラバラに読ませるか
  - ダイアログを開いたときに、コンテンツではなく下にあるボタンを自動で先に読み上げてしまう
- **7.2　複雑な構造にしたり、標準コンポーネントを使わないと気を付けることが増える**
  - 横スクロールは見えていないとわからない——縦横スクロール混在の罠
- **7.5　自動でアクセシビリティをテストする**
  - TraversalOrderCheck

達成基準2.4.10「セクション見出し」(レベルAAA)

必要な対応

- **ページ全体**
  - 適切なセクション分けと見出しの付与：コンテンツを適切にセクション分けし、スクリーンリーダーが認識できる形で見出しを付ける

本書の内容

- **5.2　見出しを工夫して横スクロールを使いやすくする**
- **6.4　アクセシビリティ用の属性を使った改善**
  - accessibilityHeading——見出しを設定する

達成基準2.5.1「ポインタのジェスチャ」(レベルA)

必要な対応

- **入力デバイス**
  - モバイルアプリにおいて、そのアプリケーション固有の独自ジェスチャを用いなければ利用できないような機能がなく、すべての機能はOS標準のジェスチャによって操作できる

本書の内容

- **2.2　OSが提供するアクセシビリティ機能を生かす**

- 操作可能なことを視覚的に示す
- **4.4　身体サポートの活用**
  - 「AssistiveTouch」の活用
  - 「スイッチコントロール」の活用

達成基準2.5.3「ラベルを含む名前（name）」（レベルA）

必要な対応

- **フォーム**
  - 表示されているテキストをラベルとして用いる：フォームコントロールには、表示されているテキストをラベルとして明示的に関連付ける

本書の内容

- **4.1　VoiceOverの基本API**
  - accessibilityLabel――ラベル
- **4.4　身体サポートの活用**
  - 「音声コントロール」の活用
- **6.4　アクセシビリティ用の属性を使った改善**
  - contentDescription――コンテンツの説明をする
- **7.3　テキスト以外の視認できる情報を音声で伝える**
  - 見えている文と違う文を読み上げたい――ImageView以外にも使えるcontentDescription
  - 意味のあるcontentDescriptionを設定する――Actionだけだと何に対してのActionなのかがわからない
- **7.4　Androidアプリのアクセシビリティをテストする**
  - ツールを使って確認する――ユーザー補助検証ツール
- **7.5　自動でアクセシビリティをテストする**
  - EditableContentDescCheck
  - RedundantDescriptionCheck

達成基準2.5.4「動きによる起動」（レベルA）

必要な対応

- **入力デバイス**
  - 特定の入力デバイスを前提としない：そのプラットフォームで標準的ではない入力手

段[注4]を使用しないとアクセスできない情報や利用できない機能がない

本書の内容

- **4.4　身体サポートの活用**
  - 「シェイクで取り消し」による誤操作を防ぐ

達成基準2.5.5「ターゲットのサイズ（高度）」（レベルAAA）

必要な対応

- **アイコン**
  - 十分な大きさのクリック／タッチのターゲット（モバイル）：画像をリンクやボタンにする場合、クリック／タッチのターゲットサイズは十分に大きいもの[注5]にする
- **フォーム**
  - 十分な大きさのクリック／タッチのターゲット（モバイル）：操作を受け付けるもののタッチのターゲットサイズは十分に大きいものにする

本書の内容

- **2.2　OSが提供するアクセシビリティ機能を生かす**
  - タップ領域を十分に確保する
  - テキストのサイズに対してアイコンが小さい
- **5.4　iOSアプリのアクセシビリティをテストする**
  - 警告2「Hit area is too small」
- **6.3　Androidのアクセシビリティ改善をする**
  - タップ領域を確保する
  - テキストリンクはタップ領域を満たさない
- **7.4　Androidアプリのアクセシビリティをテストする**
  - ツールを使って確認する——ユーザー補助検証ツール
- **7.5　自動でアクセシビリティをテストする**
  - TouchTargetSizeCheck
  - ClickableSpanCheck
  - DuplicateClickableBoundsCheck

注4　プラットフォームの標準的な入力手段とは、WebではキーボードK、モバイルではOS標準のタッチ操作を指します。また、文字入力に関しては、Windowsのタッチ操作、iOSやAndroidでキーボードを接続した操作もプラットフォームの標準的な入力手段にあたります。

注5　44 × 44 CSS px以上、またはOSのインタフェースガイドラインを満たすサイズのことです。

達成基準2.5.7「ドラッグ動作」（レベルAA）

必要な対応

- 操作にドラッグ動作を用いるすべての機能は、ドラッグなしのシングルポインタで完遂できる。ただし、ドラッグが必要不可欠である、またはその機能がユーザーエージェントによって決定され、かつコンテンツ制作者によって変更されない場合は除く[注6]

本書の内容

- 2.2　OSが提供するアクセシビリティ機能を生かす
  - 操作可能なことを視覚的に示す
- 4.4　身体サポートの活用
  - 「AssistiveTouch」の活用
  - 「スイッチコントロール」の活用

達成基準3.1.2「一部分の言語」（レベルAA）

必要な対応

- テキスト
  - テキストを表示するUIコンポーネントの言語の明示：テキストを表示するUIコンポーネントにおいて、言語やロケールを指定できる場合は、適切なものを指定する

本書の内容

- 4.2　VoiceOver操作を制御するAPI
  - accessibilitySpeechLanguage――読み上げ言語を制御

達成基準3.2.3「一貫したナビゲーション」（レベルAA）

必要な対応

- ページ全体
  - コンポーネントの一貫した出現順序：ナビゲーションメニューなど、複数のページに共通して用いられるコンポーネントは、すべてのページで同じ出現順序にし、コンポーネント内でのリンクの出現順序も同じにする

注6　freeeアクセシビリティー・ガイドラインには本項目がないため、WCAG 2.2 日本語訳より記載しました。https://waic.jp/translations/WCAG22/#dragging-movements

本書の内容

- **2.2 OSが提供するアクセシビリティ機能を生かす**
  - 一貫性の欠如したレイアウト

達成基準4.1.2「名前(name)・役割(role)・値(value)」(レベルA)

必要な対応

- **マークアップと実装：コンポーネントをアクセシブルにする**
  - ユーザーの操作を受け付けるUIコンポーネントは、以下を満たす実装をする
    - 支援技術を含むユーザー・エージェントが取得できる形で、適切にAccessibleNameとroleを定義する
    - 支援技術を含むユーザー・エージェントが、コンポーネントの状態、プロパティ、ユーザーが設定可能な値を設定でき、これらの変更を認知できるようにする
- **入力デバイス：モバイルの支援技術のサポート**
  - OS標準のスクリーンリーダー[注7]の利用時、以下を満たす
    - 操作を受け付けるすべてのUIコンポーネントは、スクリーンリーダーでフォーカスし、操作できる
    - 画面に表示されているすべての情報は、スクリーンリーダーでフォーカスし、内容を確認できる

本書の内容

- **4.1 VoiceOverの基本API**
  - accessibilityLabel――ラベル
  - accessibilityTraits――特徴
  - accessibilityHint――ヒント
  - accessibilityValue――値
- **5.1 セルの読み上げを最適化する**
- **5.2 見出しを工夫して横スクロールを使いやすくする**
- **5.4 iOSアプリのアクセシビリティをテストする**
  - 警告3「Element has no description」
- **6.4 アクセシビリティ用の属性を使った改善**
  - contentDescription――コンテンツの説明をする
  - labelFor――ラベル付けする
  - screenReaderFocusable――子Viewを一括で読み上げる
  - accessibilityHeading――見出しを設定する
  - accessibilityPaneTitle――領域のタイトルを付ける

注7　OS標準のスクリーンリーダーとは、iOS、iPadOSではVoiceOver、AndroidではTalkBackを指します。

- **7.2　複雑な構造にしたり、標準コンポーネントを使わないと気を付けることが増える**
  - 実際と異なるアクションを読み上げないようにする
  - 横スクロールは見えていないとわからない――縦横スクロール混在の罠
- **7.3　テキスト以外の視認できる情報を音声で伝える**
  - 見えている文と違う文を読み上げたい――ImageView以外にも使えるcontentDescription
  - 意味のあるcontentDescriptionを設定する――Actionだけだと何に対してのActionなのかがわからない
- **7.4　Androidアプリのアクセシビリティをテストする**
  - ツールを使って確認する――ユーザー補助検証ツール
- **7.5　自動でアクセシビリティをテストする**
  - EditableContentDescCheck
  - RedundantDescriptionCheck
  - ClassNameCheck

達成基準4.1.3「ステータスメッセージ」(レベルAA)

必要な対応

- **動的コンテンツ**
  - ステータスメッセージの適切な実装：ステータスメッセージについて、以下のすべてを満たす
    - スクリーンリーダーに自動的に読み上げられるようにする
    - ステータスメッセージであることやその内容が、roleやそのほかのプロパティを通してわかるようにする

本書の内容

- **2.2　OSが提供するアクセシビリティ機能を生かす**
  - ライブリージョンの不適切な実装
- **4.2　VoiceOver操作を制御するAPI**
  - UIAccessibility.post(notification:argument:)――画面内の変化を伝える
- **6.4　アクセシビリティ用の属性を使った改善**
  - accessibilityLiveRegion――Viewの内容が変わったときに通知する
- **7.1　見た目は問題ないのに想定どおりに動かない**
  - コンテンツの上に表示させるものが意図どおりに動かない

付録b

WCAGを適用する際のギャップと乗り越え方

1.4節「モバイルアプリのアクセシビリティガイドライン」で述べたように、モバイルアプリのアクセシビリティを考えるうえでWCAGが土台になることは間違いありません。WCAGは特定の技術に依存しないように書かれているため、多くの記載内容はモバイルアプリに対してもそのまま適用できます。

とはいえ、**Web Content** Accessibility Guidelinesの名が示すとおり、WCAGの書きぶりはWebコンテンツを対象としたものになっています。ガイドライン上には「ウェブページ」「CSSピクセル」「マークアップ言語」「ユーザーエージェント」などの表現があるため、モバイルアプリに適用しようとした場合にはギャップが生じます。「ウェブページ」の箇所をシンプルに「ソフトウェア」に読み替えれば成立する箇所が多いものの、単語の置き換えだけでモバイルアプリに当てはめられないケースも一部に存在します。

WCAGを読み替えるための「WCAG2ICT」

このため、Webコンテンツ以外のドキュメントやソフトウェアにWCAGを適用する際の参考情報として、Guidance on Applying WCAG 2 to Non-Web Information and Communications Technologies(WCAG2ICT)[注8]という文書が提供されています。WCAG2ICTには、WCAGの原則・ガイドライン・レベルAおよびAAの達成基準をソフトウェアに適用するための読み替えの方法や、読み替えに必要な用語の定義、解釈の助けとなる注記などが記載されています。

WCAG2ICTは、各地域の法律やポリシーを定めるための参考情報としても利用されています。たとえばアメリカのリハビリテーション法508条や、EUのデジタルアクセシビリティ規格であるEN 301 549では、WCAG2ICTをもとに、ソフトウェアやモバイルアプリにおける達成基準の例外を設け

注8　https://www.w3.org/TR/wcag2ict-22/

ています[注9]。また、「障害のあるアメリカ人法(ADA)Title II」でも、達成基準の適用を判断するためにWCAG2ICTを利用するよう開発者に指示しています。

ただし、WCAG2ICTにおける読み替えの解釈については、本書執筆時点ではまだ議論中であることに留意してください[注10]。

WCAGとiOS・Androidガイドラインの不一致

別の方向の「ギャップ」もあります。それは、WCAGの達成基準とiOS・Androidのガイドラインの要求が完全に一致しているわけではないことです。

たとえば、WCAGの達成基準1.4.4「テキストのサイズ変更」ではテキストを200%まで拡大可能にすることを要求しています。文字サイズを拡大できるようにすること自体は重要です。一方、iOSやAndroidがサポートする文字サイズ拡大のしくみにのっとって実装した場合、すべての文字が200%に拡大されるわけではありません。この点について、WCAG2ICTの「Applying SC 1.4.4 Resize Text to Non-Web Documents and Software」[注11]では「Web以外のソフトウェアでは、プラットフォームがすべてのテキストを200%まで拡大縮小しない場合があります。そのような場合、作者はプラットフォームのユーザー設定でサポートされる範囲内でテキストを拡大縮小することで、ユーザーのニーズを満たすことが推奨されます。」と記載しています(翻訳は筆者による)。

ほかにも不一致はあります。達成基準2.5.8「ターゲットのサイズ(最低限)」ではポインタ入力のターゲットサイズを24 × 24CSSピクセル以上にすることを求めています。しかし、これはiOS・Androidガイドラインが求め

注9　リハビリテーション法508条では、達成基準2.4.1「ブロックスキップ」、達成基準2.4.5「複数の手段」、達成基準3.2.3「一貫したナビゲーション」、達成基準3.2.4「一貫した識別性」が達成基準から外されています。EN 301 549では、達成基準2.4.1「ブロックスキップ」、達成基準2.4.2「ページタイトル」、達成基準2.4.5「複数の手段」、達成基準3.1.2「一部分の言語」、達成基準3.2.3「一貫したナビゲーション」、達成基準3.2.4「一貫した識別性」が達成基準から外されています。リハビリテーション法508条:https://www.access-board.gov/ict/#E207-software　EN 301 549:https://www.etsi.org/deliver/etsi_en/301500_301599/301549/03.02.01_60/en_301549v030201p.pdf

注10　New Advice on WCAG for Software and Documents: Part 1を参照ください。https://www.tpgi.com/new-advice-on-wcag-for-software-and-documents-part-1/

注11　https://www.w3.org/TR/wcag2ict-22/#resize-text

る最小ターゲットサイズ（iOSでは44 × 44pt、Androidでは48 × 48dp）よりも大幅に小さいサイズです。WCAG側の達成基準に従った場合、プラットフォームのガイドラインから逸脱するため、この達成基準を用いるかは慎重な判断が必要です。モバイルアプリとしての慣習にのっとるのであれば、多くの場合において達成基準2.5.5「ターゲットのサイズ（高度）」の44 × 44CSSピクセルを満たすようにデザインしたほうがよいでしょう。

ギャップを解釈し、独自方針の策定へ

ガイドラインにのっとることは、利用可能な状況を広げるための手段であり、目的ではありません。まずは本書の内容を実行してモバイルアプリを改善し、実質的に使える状況を増やすことが先決です。とはいえ改善が進んでいくと、目指すべき状態を定義するためにガイドラインを用いる機会が増えます。やがてはWCAGやiOS・Androidガイドラインを満たすための方針を立てたり、改善結果を試験し公表していくときが来るかもしれません。その際には、WCAG2ICT、各地域の法律やポリシー、および各企業のガイドラインなどを参考にし、「ギャップの解釈」および「その解釈に基づく対応方針」を独自に策定し表明する必要があるでしょう。

おわりに

本書の目的は、モバイルアプリのアクセシビリティ向上の入口を示すことでした。ぜひ本書を片手に現場からの改善を始めてみてください。1つのボタンを改善する積み重ねこそが、アプリの可能性を解き放つこと、そのものなのです。

本書の次は、姉妹書の『Webアプリケーションアクセシビリティ』（伊原力也、小林大輔、桝田草一、山本伶著、技術評論社、2023年）をお勧めします。サービス全体で見るとモバイルアプリだけでなくWeb技術も必要な場合がほとんどだからです。また、Webアプリとモバイルアプリで共通するUI課題例・改善例や、UI設計の原理、さらにデザインシステムとアクセシビリティの組織導入ステップも解説しています。

本書と姉妹書は、『WEB+DB PRESS Vol.116』（技術評論社、2020年）での、Web技術とモバイルアプリを両方扱った特集「アプリケーションアクセシビリティ」（阿部諒、伊原力也、中根雅文、山本伶、夕張めろん著）がもとになっています。この2冊によって、デジタルサービスでの「『使えない』を『使える』にするデザインと技術」がそろいました。ここまでを導いてくださった技術評論社の久保田祐真さんに感謝します。

最後に、日々アクセシビリティ向上に取り組んでいる多くの仲間たちに感謝します。社会を変えていくムーブメントは、一人ではけっして立ちいきません。みなさんの存在があってこそ、筆者たちも諦めずに取り組みを継続できています。

みなさんが本書を携え、アクセシブルな社会というすばらしい未来を私たちとともに追い求めてくださるのなら、これほどの喜びはありません。

2024年10月　筆者一同

索引

数字・記号

A

B

C

D

E

F

G

H

I

J

L

M

O

P

R

S

T

U

V

W

X

あ行

か行

さ行

た行

や行

ら行

■著者略歴

■阿部 諒（あべ りょう）

2017年にfreee株式会社に入社。プロダクトリードとしてエンジニアリングと並行し、プロダクトの課題分析、解決策の提案と実行に向けた体制整備や開発計画の立案を担う。また伊原らとともにアクセシビリティ推進にも従事。
第3章、第4章、第5章を執筆。

■伊原 力也（いはら りきや）

ビジネス・アーキテクツにて情報アーキテクトとして活動後、2017年よりfreee株式会社。社会における多様な働き方の実現を目指し、プロダクトデザインおよびアクセシビリティの普及啓発を実施。ほか、外部コンサルタントとして複数社のアクセシビリティ改善を支援。著書（共著）に『Webアプリケーションアクセシビリティ』（技術評論社）など。
Twitter：@magi1125
第1章、第2章のコラム、付録を執筆。

■本田 雅人（ほんだ まさと）

早稲田大学文学部卒。2017年に株式会社CyberAgentに入社。現在はAmebaのプロダクトデザインリードを担当し、プロダクト戦略の設計を担う。Amebaのデザインシステム「Spindle」を立ち上げ、2023年にグッドデザイン賞を受賞。CyberAgentの各種サービスのデザインシステムのアドバイザーとしても活動中。
第2章（コラムを除く）を執筆。

■めろん

東京工業大学大学院総合理工学研究科知能システム科学専攻修士課程修了。Java、PHPのサーバサイドエンジニアに従事した後、2008年に起業。起業後は主にAndroidアプリの開発支援を受託。2017年にfreee株式会社に参画し、Androidアプリの開発に携わる。伊原らと出会い、日々アプリのアクセシビリティ向上に力を注ぐ。
第6章、第7章を執筆。

装丁・本文デザイン……………… 西岡 裕二
図版作成……………………………… スタジオ・キャロット
レイアウト…………………………… 酒徳 葉子（技術評論社）
編集アシスタント…………………… 小川 里子（技術評論社）、北川 香織（技術評論社）
編集…………………………………… 久保田 祐真（技術評論社）

WEB+DB PRESS plusシリーズ

モバイルアプリアクセシビリティ入門
iOS＋Androidのデザインと実装

2024年12月4日　初版　第1刷発行

著者…………………………………… 阿部 諒、伊原力也、本田雅人、めろん
発行者………………………………… 片岡 巌
発行所………………………………… 株式会社技術評論社
東京都新宿区市谷左内町21-13
電話　03-3513-6150　販売促進部
　　　03-3513-6177　第5編集部
印刷／製本…………………………… 日経印刷株式会社

ISBN978-4-297-14602-3 C3055

Printed in Japan

●お問い合わせ

本書に関するご質問は記載内容についてのみとさせていただきます。本書の内容以外のご質問には一切応じられませんので、あらかじめご了承ください。
なお、お電話でのご質問は受け付けておりませんので、書面または小社Webサイトのお問い合わせフォームをご利用ください。

〒162-0846
東京都新宿区市谷左内町21-13
株式会社技術評論社
『モバイルアプリアクセシビリティ入門』係
URL https://gihyo.jp/book/2024/978-4-297-14602-3

ご質問の際に記載いただいた個人情報は回答以外の目的に使用することはありません。使用後は速やかに個人情報を廃棄します。